ZHILIANG TONGBI ~~ZHILI SHOUCE

风电工程
质量通病预防与治理手册

北京天润新能投资有限公司　组编

中国电力出版社
CHINA ELECTRIC POWER PRESS

内容提要

本手册采用图文并茂的形式，按照项目范围划分原则，对风电工程质量通病案例进行层次化分解和归类描述，清晰展示了风电场建设过程中出现的各类质量通病和疑难问题，详细描述了各类通病问题发生的现象、原因分析和预防治理措施。其主要内容包括建筑工程、电气安装工程、风机安装工程、线路工程和交通工程五个部分的质量通病防治要点，结构清晰，内容翔实丰富，可以更好地为风电投资、施工企业等人员提供了质量通病防治的方法和措施。

本手册可作为风电投资、施工、设计、监理等管理和技术人员的培训教材，也可供风电专业工程师及从事风电行业的科研、管理、技术人员学习使用。

图书在版编目（CIP）数据

风电工程质量通病预防与治理手册/北京天润新能投资有限公司组
编．—北京：中国电力出版社，2020.1（2020.4重印）
　ISBN　978-7-5198-4164-5

　Ⅰ．①风…　Ⅱ．①北…　Ⅲ．①风力发电－电力工程－工程质
量－质量管理－手册　Ⅳ．① TM614-62

中国版本图书馆 CIP 数据核字（2020）第 022335 号

出版发行：中国电力出版社
地　　　址：北京市东城区北京站西街 19 号（邮政编码 100005）
网　　　址：http://www.cepp.sgcc.com.cn
责任编辑：孙　芳
责任校对：黄　蓓　李　楠
装帧设计：赵姗姗
责任印制：吴　迪

印　　刷：北京瑞禾彩色印刷有限公司
版　　次：2020 年 1 月第一版
印　　次：2020 年 4 月北京第二次印刷
开　　本：710 毫米 ×1000 毫米　16 开本
印　　张：12.25
字　　数：228 千字
印　　数：2001—4000 册
定　　价：135.00 元

编委会

全面推进风电工程建设迈向高质量发展新阶段

中共中央、国务院发布的《关于开展质量提升行动的指导意见》强调，"要坚持以质量第一位价值导向、牢固树立质量第一的强烈意识，迫切需要下最大气力抓全面提高质量，推动我国经济发展进入质量时代"。党的十九大报告指出，我国经济已由高速增长阶段转向高质量发展阶段。这一重大判断为我们做好新时代质量工作提供了根本遵循和行动指南。按照质量第一、效益优先的原则，坚持质量兴国战略，强化全面质量管理，扎实推动质量变革、效率变革，推进行业迈向高质量发展新阶段是当代企业不可推卸的责任。

我国的经济发展已由数量扩张型向质量效益型转型的同时，也对质量工作提出了新的更高要求，电力行业在国家及能源主管部门实施的一系列改革举措后，也开始以全新面貌向高质量发展阶段迈进。尤其是新能源行业需要主动变革，需要从传统能源提供者向清洁能源服务者转型，顺应新时代潮流和适应供能新业态。近几十年来，可再生能源无论从规模还是技术层面，都得到了长足的发展和进步，但是随着我国风电行业持续创新发展，产业链不断优化融合，度电成本持续降低，风电自身竞争力也随之提高。到2020年，实现风电平价上网，风电行业投资收益率将整体下行，这将给风电投资企业带来新的压力，需要企业自身通过管理和技术创新，实现在平价政策下仍能保持较快发展和效益增长，其中提质降本增效显得尤为重要。这需要风电投资企业应用系统化、专业化的工具和方法，建成更多全寿命周期质量最优、安全可靠、经济高效的风电场，降低风电场生命周期内各类通病问题发生率和质量损失成本，推进综合效益提升，实现投资收益最大化，突出风电行业高质量发展的优越性。

风电行业高质量发展的标志是能够持续提供"优质、安全、可靠、绿色"的清洁能源，这也是国家和能源主管部门对电力行业实施一系列改革措施的首要目的，在深化电力体制改革的基本原则中，也明确提出"坚持安全可靠，保障电能的生产、输送和使用动态平衡，保障电力系统安全稳定运行和电力可靠供应，提高电力安全可靠水平"的要求。风电投资企业作为新能源行业的重要组成部分，更应抓住向高质量发展的时代机遇和主动担当起推动能源变革的历史使命，以"为人类提供更优质的绿色能源"为己任，充分发挥自身优势，破除质量提升瓶颈，全面实施质量通病防治工作，降低质量通病重复发率，提高效益成本率，推动风电场建设和运行质量迈向高水平，实现具备为社会持续提供安全、可靠、优质电能的能力。

中国质量协会第十八届全国质量奖评审提出"卓越引领－迈入高质量发展新时代"为主题质量理念，引领质量管理全面迈入高质量发展新时代。天润新能作为本届全国质量奖获奖企业金风科技的全资子公司，将持续发挥全国质量奖卓越引领的示范效应，加强有关理论、方法、工具和经验的学习与推广，促进企业树立"质量第一、效益优先"的强烈意识，深化推广卓越绩效模式、精益管理等先进质量管理方法，全面融入公司项目建设和风电场运行管理中，引导企业在项目全寿命周期科学实施质量通病防治与管理，追求项目建设和风电场运行的高质量，实现提质降本增效。

天润新能始终将"谁打质量牌、谁才有未来"作为质量管理的总思想，时刻牢记"创造价值、精益求精、追求卓越"的核心价值观，全面践行"一次做对、一次成优；持续改进、指标先进；对标优秀、应发尽发；应修必修、修必修好"的项目建设和运行管理质量理念。全面开展系统化和专业化的质量通病防治，将"优质"意识贯彻到风电项目建设和运行管理全过程，回归质量本源，聚焦质量提升，推进企业高质量发展，实现风电场全寿命周期平稳、安全、可靠运行，促进风电行业健康可持续发展。

本手册中提出的质量通病防治方法和案例，代表了天润新能作为风电投资企业长期以来对风电项目建设质量通病管理的经验总结和升华提炼，突出了全面性、系统性和专业性，填补了风电行业质量通病专项管理的空白，具有风电项目质量管理的专业特色。我希望本手册的出版能够给各风电投资、设计、施工、监理及相关企业和专业人员在质量通病防治方面提供指导和参考，为建成更多全寿命周期质量最优、安全可靠的风电场和推动风电行业向高质量发展做出贡献！

新疆金风科技股份有限公司业务副总裁
北京天润新能投资有限公司总经理

2019.12.5

前言

　　随着国家系列政策持续出台，风电装机容量的不断增加，大量风电工程在建设中以及投产运行后，暴露出许多原材、设备制造、施工工艺、工序、成品保护、运行维护等方面的问题。其中一些问题具有重复性、多发性等特征，此类问题可归为质量通病范畴，给风电场安全运行、经营效益造成不良影响。实践证明，通过质量通病的防治，可大大提升风电场工程建设质量，提高风场运行可靠性及稳定性，保障风电场全寿命安全可靠运行，为此，我们策划和编写了本手册。

　　天润新能作为一家风力发电投资企业，近年来，通过对风电工程施工过程中常见及频发的质量通病进行全面收集、汇总、梳理，理清质量通病发生的原因、机理，对各类质量通病实际案例，制定科学有效的防治措施、改进方法等，并通过新工艺、新材料、新设备、新技术的应用降低质量通病发生频率。在施工阶段减少返工、返修、消缺过程中材料采购、施工、第三方检测等损失成本；在运维阶段降低因质量通病导致的技改、消缺以及非计划停运电量损失，减少设备跳闸对外部电网的冲击，提高风电场运行安全性、设备可靠性和经营效益，提升企业质量管理口碑及品牌形象，促进行业建成更多安全友好型风电场。

　　本手册围绕风电工程建设及运维过程中遇到的实际问题，从管理、技术、设备等角度分析问题产生的原因，围绕通病现象、原因、防治措施进行阐述，并以项目单位、分部、分项工程进行范围划分，紧密契合项目范围划分原则，清晰呈现，以便于读者使用。

　　本手册由刘晓斌主编、策划并整体统稿。第一章概述由刘晓斌编写；第二章建筑工程由蔡智、刘晓斌编写；第三章电气安装工程由程美龙编写；第四章风机安装工程由和庆磊编写；第五章线路工程由李阿楠、田海生编写；第六章交通工程由蔡智编写；由李在卿整体评审、修改和审定，魏庆波参与了评审。

　　风电行业发展已经由高速增长阶段迈向高质量发展新阶段，通过风电质量通病防治和管理，助推风电投资企业在零补贴及全面平价时代仍能发挥核心优势，持续创造价值，衷心希望本手册能够在提升工程建设质量和推动行业高质量发展方面起到积极指导作用。

　　本手册参考了部分行业专家的意见及行业先进案例和做法，在此谨致谢意。

　　由于编者水平有限，书中难免有不当之处，敬请读者批评指正。

作者

2019 年 9 月

目　录

第一章 概　述

第一节　系统化专业化防治质量通病

一、电力行业质量管理已迈入新时代

电力行业随着"新常态"发展和体制改革，也逐步进入新时代。提供"优质、安全、绿色"的清洁能源已成为"新时代"用能的新标准。随着国家及能源主管部门对电力行业一系列的改革举措，倒逼企业要从传统能源提供者向清洁能源服务者转型，这给新能源企业带来了新的挑战。在深化电力体制改革的基本原则中，也明确提出"坚持安全可靠，保障电能的生产、输送和使用动态平衡，保障电力系统安全稳定运行和电力可靠供应，提高电力安全可靠水平"的要求，其中对安全、优质电能进行重点强调，电能的安全性和可靠性已是电力系统供电的最基本要求。风力发电通过近几十年的发展，已成为清洁能源主要的供给侧之一，担当着"为人类提供更优质的绿色能源"的重要使命。风力发电在能源板块已是举足轻重，全寿命周期质量最优、安全可靠、绿色低碳已成为新时代电力行业健康可持续发展的新要求。

《中国制造2025》提出的五项基本方针中，"质量为先"是其中之一，特别强调了提升质量水平是强国的基本战略要求。在"供给侧结构性改革"中也明确指出了要提高产业质量和产品质量的要求。中共中央、国务院发布的《关于开展质量提升行动的指导意见》强调，"要坚持以质量第一位价值导向、牢固树立质量第一的强烈意识，迫切需要下最大气力抓全面提高质量，推动我国经济发展进入质量时代"。党的十九大报告将质量工作放在了突出位置，"报告"强调，"我国经济已由高速增长阶段转向高质量发展阶段"；为了更好贯彻新发展理念、建设现代化经济体系，"报告"指出，"必须坚持质量第一、效益优先，以供给侧结构性改革为主线，推动经济发展质量变革、效率变革、动力变革，提高全要素生产率"。为推动新时代下经济健康发展，中央政府、国务院要求加快实施创新驱动发展战略，深化体制机制改革，明确并逐步提高生产环节质量指标。国家能源

局计划且已经发布了多项风力发电建设的新标准、新规范，为推动"新时代"质量提升提出了新的目标和更高要求。

中国质量协会第十八届全国质量奖评审提出"卓越引领迈入高质量发展新时代"为主题质量理念，引领质量管理全面迈入新时代。中国电力建设企业协会对电力行业优质工程质量提出"程序合规、管理有效、技术创新、工序量化、工艺精准、可靠耐用、节能减排、指标先进、档案规范、特色突出"的"四十字"方针和"最大限度节约资源、减少污染，全寿命周期安全可靠，性能、功能与成本最佳匹配；科技与美学高度统一，设备系统优化，施工技术创新，工艺流程量化，生产要素组合科学"的"两句话"要求，明确了电力工程全寿命周期安全可靠和观感质量的重要性。全面契合建设工程质量六大特性的要求，并提出了新时代电力优质工程质量的衡量标尺。

二、风电工程质量通病防治需要更加系统化和专业化

随着质量新时代的到来，质量管理已由之前的单边优势向全要素质量提升转变。质量通病已成为阻碍电力行业向新时代高质量发展的突出问题，电力建设质量通病防治也需要更加系统化和专业化。

对于风力发电场而言，质量通病是指在风电工程建设中经常发生或普遍存在且不易根治的一些不影响工程结构安全、使用功能的质量问题。这些问题虽然不会影响到风力发电场的结构安全和使用功能，但是这仅满足了工程建设质量六大特性中的安全性和适用性，远没有达到新时代下提升质量全要素管理水平的要求，更达不到电力行业对优质工程的标准要求，也不能满足业主和投资者的需求与期望。

风电工程的质量通病防治，主要以风电工程施工全过程为管理对象，梳理质量问题、分析原因和提出防治措施。近年来，风电工程中普遍出现电缆头烧损、接地质量原因的跳闸和短路、屋面漏雨等质量问题，其主要特征是不易消除和普遍存在。从短期来看，这些通病类问题不会对工程结构的安全性造成影响，但是会成为隐患，对风电场寿命周期内安全运行造成威胁，也会降低工程的观感质量和使用感受。长此以往，可能会发生设备运行安全事故，降低风电场的适用性和耐久性。

创建电力优质工程，是推动电力行业实现优质、安全、可靠、经济的工程建设理念的重要举措，其标准要求代表着行业的最高水平。防治质量通病是建设优质工程首当其冲的工作之一，是推行"标杆引路、样板先行"措施的重要前提。根据这几年的创优经验，很多风电场项目都制定了专项的质量通病防治、质量工艺策划等方案，但是防治效果还没达到预期。很多通病在创建优质工程后又重复

出现，有的通病由于没有及时开展预防和治理，在项目移交时，带着通病一边消缺一边验收，甚至影响到风电场滞后移交和安全运行。而这些问题如果得不到及时的预防和治理，都会给风电场安全运行埋下隐患，也不符合优质工程的标准和理念，更无法做到树立标杆和起到行业引领作用。因此，需要开展系统化、专业化的质量通病防治，促进建成更多行业标杆和优质工程，推动风电行业向高质量发展。

工程质量通病防治和实施项目精益管理一脉相承，是风力发电企业开展精益化管理和标准化施工的有力支撑，通过系统化的防治质量通病，可减少风力发电工程施工过程的隐患遗留，推动工程项目质量管理精益化发展，提升质量工艺标准化管理成熟度。

在工程建设阶段，开展专业化的风电工程质量通病防治，将全面遏制工程质量问题的发生，减少由于质量问题引发的设计变更，起到有效控制建设成本的作用。对于项目全寿命周期而言，有效的质量通病防治，将大幅降低质量问题重复发生率、项目整体质量失效成本和风电场寿命周期内运行维护成本，提升风电场运营效益成本率，突出工程项目的经济性，提高风电场整体投资收益率，实现企业质量效益成本管理最优化。

第二节 天润新能防治风电工程 质量通病的实践

一、天润新能质量管理实践

天润新能始终以建设精品风电场为导向，全面落实质量终生责任制，实施质量文化建设、"三全"管理，推行卓越质量管理模式、精益管理和全产业链优化等质量管理举措，来降低质量通病，提升整体质量管理水平和成效。在加快建设优质工程和降低质量通病方面，以推行风电工程质量工艺标准化为抓手，以《风力发电工程达标投产验收规程》为准则，全面推进工程建设项目达标投产和创优。通过确立制度定规矩、建立体系作保障、行业对标找标杆、质量竞赛树样板、强化检查抓执行，实施风电工程建设质量提升"四步走"战略，切实降低了工程建设质量通病的发生，全面提升了风电工程建设质量。实践表明，质量提升"四步走"战略达到了预期的阶段性目标，无论是实体工程质量、工程文件和档案管理，还是工程建设全面质量管理水平都取得了实质性进步。在工程创优方面，天润新能先后获得中国电力优质工程奖 7 项、山西省太行杯 1 项、中国安装优质奖（安装之星）2 项、国家优质工程奖 2 项；在科技创新和质量管理（QC）成果研究和应用方面，天润新能获得省部级科技进步二等奖 1 项、省部级质量管理（QC）成果三等奖 5 项。通过实施多方式的质量管理举措，天润公司质量通病问题连续 6 年大幅降低，由于质量通病造成的质量损失成本明显减少。紧密契合公司"一次做对、一次成优、持续改进、指标先进"的质量文化理念倡导，全面促进了公司打造风电建设全优产业链战略规划的实现和质量效益提升的重大战略要求。

二、本手册的内容介绍、特点和使用原则

本手册在天润新能 6 年工程质量管理实践基础上，通过对数十项风电场工程现场检查、质量监督站监检、项目达标投产验收、项目竣工验收、行业和国家优质工程评选提出的 6 千多条信息进行归纳总结编写而成。按照内容分为建筑工程、电气及设备安装工程、风机安装工程、线路工程、交通工程五个部分。建筑工程主要包括升压站内的生产楼、生活楼、设备区基础、站内道路、电缆沟道和风机基础及其他附属设施等；电气及设备安装工程主要包括主变压器、高压电器、母线、电缆、接地、盘柜及二次回路接线、无功补偿装置以及其他辅助电气设施等；风机安装工程主要包括风机塔筒、风机机组、叶片和风机螺栓力矩等；线路工程主要包括电缆施工、铁塔基础施工、铁塔组立、混凝土电杆组立、架线、导地线压接、附件安装、杆塔接地以及线路防护等；交通工程主要包括路基、路面、路肩边坡、挡墙、排水沟管涵施工等。最终形成 213 条质量通病案例，具有非常鲜明的风电工程项目质量管理专业特色。

本手册围绕风电工程建设全过程，以实现全寿命周期质量最优为理念，对质量通病防治和推广。为了实现本手册在通病治理方面系统化和专业化成效，对格式和内容进行了专门编辑和设计，具有以下几个特点：①在使用兼容性上，按照五个单位工程进行划分，包括建筑工程、电气及设备安装工程、风机安装工程、线路工程、交通工程。完全与风电工程建设程序及项目质量验评和范围划分原则保持一致，便于工程建设过程的管理融合性。②在内容全面性上，主要对风电场建设过程检查、达标创优、质量监督及各阶段验收中出现的通病问题进行收集、梳理和整合，包括了各个专业的常见和疑难质量问题，突出了风电工程建设质量管理特色和全面性。③在格式统一性上，按照条目式对每条通病独立编号，每条通病均从通病现象、原因分析、预防治理措施三个方面进行描述，并匹配相应的通病案例图片，贴近现实场景，具有图文并茂和标准化的特点。④在使用便捷性上，配有质量通病检索清单，便于读者快速查找和应用，具有快速检索的特点。

风电工程质量通病防治是一项重要的系统工作，需要全面的策划，先进的方法、精准的实施和严格的验收。可与项目建设质量管理工作融合。在使用时体现以下原则。

组织与计划原则。风电场建设需要建立项目管理组织和全面周密的计划，质量通病防治是质量管理工作的重要组成部分，针对具体项目也要建立质量通病防治的专项组织结构明确人员职责和分工，建立的组织结构包括风电场建设过程中各专业人员，并且与项目管理整体组织结构进行合理搭配，保障质量通病防治专项组织的专业能力。项目开工前需编制专项的质量通病防治计划，并逐级报审，形成质量通病治理的专项指导文件。

预防为先原则。本手册在内容设计上，体现了预防性管理的特征，提出了大量预防性方法，这也是编者的初衷。质量通病防治的根本就是通过实施预防性措施，减少和避免后续再出现影响使用功能的质量问题，其管理方法重在提前预防、而非后续治理。目前很多风电场项目出现了很多重复性的质量通病类问题，为治理和消除这些问题，出台了很多各式各样的治理措施，而这些治理措施可能短时间内会起到一定效果，但是多数质量通病问题，得不到根治，且多数都是疑难杂症，其原因是造成质量通病问题影响因素比较复杂，涉及技术、质量、进度、成本、资源等管理方面的问题，若要后期根治这些质量通病问题，非常不易，治理成本随着时间推移而逐步增加，影响风电场运行的经济性。所以，质量通病管理的前期预防就显得非常重要，需要风电场在整个建设周期内全面有效落实预防措施，将预防作为质量通病管理的首要原则。

质量通病防治"三同时"原则。质量通病防治是风电工程质量管理的重要工作，涉及风电工程建设全过程，需要做好策划、实施、验收三个环节的监管。通病的发生是伴随着工程建设进程而出现的偏离标准的问题，若要达到通病防治的理想效果。质量通病防治必须以工程施工工序保持一致性，需做到质量通病防治"三同时"。同时策划，在项目开工前，可参照本手册及结合项目划分范围制定质量通病专项防治方案，并与相应施工方案同时策划，使策划的更具针对性；同时实施，质量通病防治实施需要与工程建设质量管理同步，将质量防治的方法和措施，直接落实到工程施工过程质量管理中，做到"一次做对、一次成优"，强化质量通病的同步预防作用，减少施工过程的通病形成；同时验收，在工程施工隐蔽验收、专业交接验收等各阶段验收时，必须将通病预防成效和结果纳入质量验收范围，与工程主体质量同时验收，严把质量通病防治验收关，避免通病类问题遗留到生产运行阶段，造成更多隐患和损失。

不增加建设成本原则。质量通病的防治是为实现工程建设质量达到应有的标准水平而提前实施的预防性措施，其费用投入属于项目的合理成本范围，不提倡仅为了提高和超出现有标准要求，而另增加费用投入，造成质量管理过剩。所以，在实施质量通病防治时，必须考虑质量成本因素，将本手册中的通病防治措施，纳入施工方案统一策划，充分融合，做到资源的合理分配和精准投入，把控质量管理的经济性，提升质量效益成本率。

第二章 建筑工程

风电工程中建筑工程主要为升压站建（构）筑工程和风机及箱式变压器基础工程。升压站建筑工程包含生产建筑、生活建筑、设备区的设备和构支架基础、站内道路、电缆沟等；生产建筑主要有配电楼、GIS 室、SVG 室等，生活建筑主要有综合楼及其他附属设施。风机基础是风机系统工程的重要组成部分，是风机能够安全、稳定运行的重要保证之一，特点体现为截面尺寸大、工艺复杂、精度要求高。各建（构）筑物在满足风电场使用功能的前提下，尽量做到减少占地，建筑外观尽量做到与周围环境相协调。

本章共 11 节，包含了建筑工程中的土方开挖、土方回填、砌体、钢筋、模板、混凝土、抹灰、地面和楼面、门窗安装、饰面砖、吊顶、涂料、保温、屋面、室内给排水、卫生器具安装、室内采暖、建筑电气、防雷接地、灯具开关面板安装、通风空调安装、站内道路、沟道工程和站内其他工程，共计 67 条质量通病及防治措施案例，内容涵盖了风电工程中土建工程施工的各分部分项工程，主要为风电建筑工程中普遍存在、发生频率较高且有代表性的通病防治。

建筑工程施工质量的优劣直接影响到结构稳定、安全运行、观感质量和使用功能等，减少和消除建筑工程质量通病，是提高施工项目质量管理水平和成果的关键环节，对推动项目建设高质量发展具有重要意义。

第一节 土（石）方工程

一、土方开挖工程质量通病及防治措施

适用于风电工程升压站建（构）筑物基础、设备基础、风机基础等土（石）方开挖工程质量通病防治。

TB-001：土方超挖

（一）通病现象

风机及箱式变压器基础、升压站建（构）筑物地基基础基坑（槽）土方开挖部分或全部，开挖深度超过设计深度。超挖部分，扰动原状土的密实性，降低地

基承载力，易使地基下沉、开裂、倾斜，如图 2-1 所示。

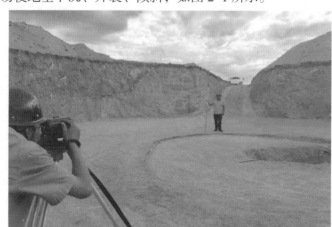

图 2-1　风机基础土方超挖

（二）原因分析

（1）测量放线错误或施工时未对施工人员进行认真交底，开挖时施工人员未认真查看设计或措施要求。

（2）采用机械开挖时，操作控制不严，施工现场未设专人盯测坑底标高和未预留人工开挖清理层，造成基坑槽底超挖。

（三）预防治理措施

（1）开挖前负责施工的人员要对开挖措施进行仔细的查阅，弄清开挖措施中的要求，在施工前对具体的施工人员进行认真地交底。

（2）机械开挖在接近槽底时，用水准仪控制标高，预留厚度为 20~30cm，配合少量人工清土；改进机械挖土的铲斗，减小斗齿扰动土的厚度，相应减少槽底预留后的厚度，配合专人，随挖随按槽底设计标高，进行人工清槽。

（3）对已超挖的部分，严禁用虚土回填。清除超挖范围的松土，按软弱地基处理，处理方法征得设计同意。

TB-002：基坑（槽）坍塌

（一）通病现象

风机及箱变基础、升压站建（构）筑物地基基础基坑（槽）土方开挖中或开挖后，由于雨天、地表水或地下水、松软土质开挖放坡系数不足等原因，可能出现边坡塌方现象，如图 2-2 所示。

图 2-2　基坑泡水坍塌

（二）原因分析

（1）未合理设置降排水设施。

（2）边坡未合理放坡或支护，基坑周边堆载过多或有动载作用等。使坡体内剪切应力增大，土体失去稳定而导致塌方。

（3）施工期连续降水或抽水设备故障影响。

（4）基坑开挖未按土质类别放坡或放坡系数不足，导致土壁坍塌。

（三）预防治理措施

（1）根据不同土层土质情况采用适当的挖方坡度和支护措施。基坑边界周围地面应设排水沟，对坡顶、坡面、坡脚采取降排水措施；基坑开挖范围内有地下水时，设集水井，并采取降水措施，将水位降至基底以下 0.5~1.0m。

（2）基坑周边严禁大量堆土和存放建筑材料，减轻震动影响。

（3）尽量避开雨天开挖，及时进行后续工序施工。雨季施工时，要加强对边坡的防护，可适当放缓边坡或设置支撑，同时在坑外侧围以土堤或开挖水沟，防止地面水流入基坑内。

（4）已被水浸泡扰动的土，采取排水晾晒后夯实，或抛填碎石、小块石挤密夯实，或换土夯实（3∶7 灰土），或挖出淤泥加深基础。

二、土方回填工程质量通病及防治措施

适用于风电工程升压站建（构）筑物基础、设备基础、风机基础等土（石）方回填工程质量通病防治。

TB-003：回填土密实度达不到要求

（一）通病现象

风机及箱式变压器基础、升压站建（构）筑物地基、房心回填土经碾压或夯实后，达不到设计要求的密实度，如图 2-3 所示。

图 2-3   回填土未分层夯实

（二）原因分析

（1）填方土料不符合要求。采用了碎块草皮、有机质含量大于 8% 的土、淤泥质土或杂填土等土质做原料。

（2）土的含水量过大或过小，因而达不到最优含水率的密实度要求。

（3）填土厚度过大或压实遍数不够。

（4）碾压或夯实机具数量不够，影响深度较小，使密实度达不到要求。

（三）预防治理措施

（1）选择符合要求的土料回填。

（2）按所选用的压实机械性能，通过土工击实试验确定含水率控制范围、控制每层铺土厚度、压实遍数、机械行驶速度。

（3）严格进行水平分层回填、压（夯）实，对每层回填土取样进行密实度检测，使其达到设计要求。

（4）治理措施：如土料不符合要求，可采取换土或掺入石灰、碎石等措施压实加固；土料含水量过大，可采取翻松、晾晒、风干或掺入干土重新压、夯实；含水量过小或碾压机具能量过小，可采取增加压实遍数或使用大功率压实机械碾压等措施。

TB-004：回填土下沉

（一）通病现象

风电工程升压站建（构）筑物室内外局部或大片下沉，造成地坪、散水面层空鼓、开裂或塌陷；站内道路局部或大片下沉开裂；风机或箱式变压器基础散水开裂下沉，如图 2-4、图 2-5 所示。

图 2-4　升压站内设备区地坪塌陷　　图 2-5　风机基础回填土下沉散水开裂

（二）原因分析

（1）回填土料粒径过大或含有大量有机杂质，存在橡皮土、淤泥质土等不符合要求的土质，不能满足回填的要求。

（2）回填土未按规定厚度分层夯实或底部松填，仅表面夯实或夯实密实度不符合规定，导致下沉量过大，而造成回填土下沉。

（三）预防治理措施

（1）严格控制回填土选用的土料，清理干净有机杂质，控制含水量在最优范围内。

（2）填方必须分层铺土和压实，铺土厚度及压实遍数，应符合设计和《建筑地基工程施工质量验收标准》（GB 50202）规范要求。

第二节　砌体与混凝土结构工程

一、砌体工程质量通病及防治措施

适用于风电工程升压站主控楼、附属结构、围墙等采用灰砂砖、承重多孔砖、加气混凝土砌块等砌体工程质量通病防治。

TB-005：砌筑砂浆强度不达标，和易性差

（一）通病现象

（1）砌筑砂浆强度低于设计要求。

（2）砂浆和易性不好，砌筑时铺浆和挤浆困难，黏结力减弱。

（二）原因分析

（1）对砂浆的配和比的原材料计量不准确。

（2）砂浆搅拌不匀，人工拌和翻拌次数不够，影响砂浆的匀质性及和易性。

（3）拌制砂浆无计划，搅拌好的砂浆存放时间过久，在规定时间内无法用完，而将剩余砂浆捣碎加水拌和后继续使用。

（三）预防治理措施

（1）砂浆的配合比，严格按试验配合比确定。严格控制无机掺合料、石灰膏等湿料的用量。施工中，不得随意增加石灰膏、微沫剂的掺量来改善砂浆的和易性。

（2）砂浆机械拌和的时间自投料算起不得小于1.5min，用人工拌和要充分搅拌均匀。拌和后和使用时均应放在储灰器内，如砂浆出现泌水现象，应在砌筑前再次拌和。

（3）拌制砂浆应有计划性，拌制量应根据砌筑需要来确定，尽量做到随拌随用、少量储存，严禁使用隔夜或凝结的砂浆。砂浆的使用时间与砂浆品种、气温条件等有关，一般气温条件下，水泥砂浆和水泥混合砂浆必须分别在拌后3h和4h内用完。当施工期间气温超过30℃时，必须分别在2h和3h内用完。超过上述时间的多余砂浆，不得再继续使用。

TB-006：砖缝砂浆不饱满黏结不良

（一）通病现象

实心砖灰缝饱满度低于80%，砂浆饱满度不合格，竖缝内无砂浆，存在瞎缝，砂浆与砖黏结不良，如图2-6、图2-7所示。

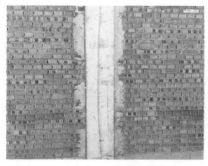 

图2-6　砌筑砂浆饱满度不足　　　图2-7　砖砌体瞎缝

（二）原因分析

（1）砂浆和易性差，砌筑时挤浆费劲，操作者用大铲或瓦刀铺刮砂浆后，使底灰产生空穴，砂浆不饱满。

（2）使用干砖砌筑使砂浆脱水干硬，削弱了砖与砂浆的黏结度。

（3）用铺浆法砌筑，有时因铺浆过长，砌筑速度跟不上，砂浆中的水分被底砖吸收，使砌上的砖层与砂浆失去黏结。

（三）预防治理措施

（1）改善砂浆和易性是确保灰缝砂浆饱满度和提高黏结强度的关键。

（2）改进砌筑方法。不宜采取铺浆法摆砖砌筑，应推广"三一砌砖法"，即使用大铲，一块砖、一铲灰、一挤揉的砌筑方法。

（3）严禁用干砖砌墙。砌筑前1~2d应将砖浇湿，使砌筑时烧结普通砖和多孔砖的含水率达到10%~15%；灰砂砖和粉煤灰砖的含水率达到8%~12%。

（4）冬季施工时，在低温条件下也应将砖面适当湿润并增大砂浆的稠度后再砌筑。

TB-007：砖砌体砌筑不规范

（一）通病现象

（1）碎砖集中使用，砖层间相互搭接不足，出现通缝，如图2-8所示。砖柱采用包心砌法，里外砖互不相咬，形成周围通天缝，降低砌体强度和整体性。

（2）砌体施工过程出现随意留槎，如图2-9所示。墙体内拉接筋间距、数量不符合设计要求。预留构造柱尺寸不准，预留的"马牙槎"不符合标准要求，如图2-10所示。

图 2-8　砖砌体砌筑通缝图　　图 2-9　砖砌体施工随意留槎

（3）清水墙面（多为围墙），组砌方法不当，常出现丁砖竖缝歪斜、宽窄不匀，丁不压中，影响美观，如图2-11所示。

（4）墙体预留洞口宽度超过300mm时，洞口顶部未设过梁或预制过梁搭接长度较短，稳定性不足，如图2-12所示。

（二）原因分析

（1）操作人员容易忽视组砌形式，或者操作人员缺乏砌筑基本技能。

（2）施工组织不当，造成留槎过多，由于重视不够，留直槎时漏放拉结筋，或拉结筋长度、间距没按规范执行，拉结筋部位的砂浆不饱满。

图 2-10　砖砌体"马牙槎"留置　　图 2-11　砌筑墙体"游丁走缝"
　　　　　不规范

图 2-12　砌筑墙体大于 300mm 孔洞顶部未设预制过梁

（3）砖的长、宽尺寸误差较大或里脚手砌清水外墙时施工操作不便，引起误差，均会导致砌体"游丁走缝"现象。

（4）操作人员对规范认识不清，未按要求设置过梁。

（三）预防治理措施

（1）提前规划组砌方法并避免不同材质的砖混砌。砌筑施工前做好人员技术交底。砖砌体应上下错缝内外搭砌，承重墙顶层砖应用丁砖砌筑。注意组砌形式，既要满足美观又要满足荷载传递的需要，必须控制好第一层砖的组砌方式和位置。为了节约，允许使用半砖或破损砖，但应分散使用在受力较小的砌体中和墙心，砖柱和宽度小于 1m 的窗间墙，应选用整砖砌筑。

（2）砖柱面上下皮的竖缝应相互错开，严禁采用包心砌法，柱面上下皮的竖缝应相互错开 1/2 砖长或 1/4 砖长，过程中严格检查。

（3）留槎方式严格按照《砌体结构工程施工质量验收规范》（GB 50203）第 5 部分进行留槎，施工前应编写相应的方案，砖砌体的转角处和交接处应同时砌筑，严禁无可靠措施的内外墙分砌施工。在抗震设防烈度为 8 度及 8 度以上地区，对不能同时砌筑而又必须留置的临时间断处应砌成斜槎，普通砖砌体斜槎水平投影长度不应小于高度的 2/3，多孔砖砌体的斜槎长高比不应小于 1/2。斜槎高度不得超过一步脚手架的高度。非抗震设防及抗震设防烈度为 6 度、7 度地区的临时间断处，当不能留斜槎时，除转角处外，可留直槎，但直槎必须做成凸槎，且应加设拉结钢筋。

（4）砌筑清水墙应首先保证进场材料尺寸满足要求；另外砌筑过程中，把好排砖组砌关，"游丁走缝"主要是丁砖游动所引起的，因此在砌筑时，必须强调"丁压中"，即丁砖的中线与下层顺砖的中线重合。

（5）设计要求的洞口、沟槽、管道应于砌筑时正确留出或预埋，未经设计同意，不得打凿墙体和在墙体上开凿水平沟槽。宽度超过 300mm 的洞口上部，应设置钢筋混凝土过梁。

TB-008：墙体标高不准、垂直度偏差大、墙面不平整

（一）通病现象

（1）相邻两个墙体标高相差一皮砖，导致圈梁无法浇筑。

（2）砌筑完一层后墙体检查垂直度出现较大偏差。

（3）混水墙的舌头灰没有刮净，墙面平直度偏差很大。

（二）原因分析

（1）立皮数杆标记不清，皮数杆超平不准，皮数杆没有画灰缝线。

（2）砌筑时没有按皮数杆控制砖的层数，或皮数杆固定不牢固。

（3）起线不一致，拉线错行，误将负偏差当作正偏差，形成螺丝墙。

（4）混水墙舌头灰没有刷净，在砌筑三七墙时不双面挂线，砌筑二四墙时不用外手挂线，造成墙面平直度差别较大。

（三）预防治理措施

（1）砌砖前应先定好基面标高，通过调整灰缝厚度来调整墙体标高误差，画皮数杆时应注意砖砌体的缝宽度一般为 10mm，但不应小于 8mm，也不应大于 12mm，灰缝要均匀，当个别灰缝厚度大于 20mm 时，应用混凝土铺垫。

（2）皮数杆标记要清楚，立皮数杆标高要准确，安装要牢固，并应逐个进行检验，合格后才能用。

（3）拉线两端应相互呼应，注意同一条平线所砌砖的层数是否与皮数杆上的砖层数相符。

（4）在墙体一步架砌完前应进行超平，弹 500mm 线，向上引尺，检查墙体标高误差，墙体接面的标高误差应在一步架内调整完毕。

（5）砌砖前先盘好角，不超过 5 层，仔细对照皮数杆的标高，及时检查新盘大角的平整度和垂直度，如有偏差在砂浆初凝前用木锤轻轻敲打进行修正，防止因砂浆初凝造成灰缝开裂。完全符合后，再挂线砌墙。采用双边挂线，做到上

跟线，下跟棱，左右相跟要对平（若墙体较长，挂线中间应设置支点，控制线拉紧）。

（6）每砌完一层进行一次竖缝刮浆塞缝，而后要将墙面清扫干净，随砌随把舌头灰刮干净。

TB-009：墙预留孔（洞）和预埋件位置或尺寸不准

（一）通病现象

（1）门窗洞口尺寸不准，影响门窗安装。

（2）预埋件位置不准或漏装预埋件，门窗漏装预埋木砖，如图2-13所示。

（二）原因分析

（1）没能有效控制门窗口位置尺寸，或预留洞口尺寸与设计的不相符。

（2）未按设计和规范要求放置预埋件。

（三）预防治理措施

（1）设计要求的洞口、管道、沟槽、门窗洞口等应在施工前统一规定好尺寸位置，并在施工放线时一次标注清楚，应垂直地面上下拉线，保证截面尺寸准确。

图2-13　门窗洞口未预埋预制块，窗框采用射钉固定

（2）严格按设计设置预埋件，在砌体上安装门窗严禁用射钉固定。门窗洞口应预埋预制块，便于门窗安装。

TB-010：砖砌体裂缝

（一）通病现象

风电工程升压站建筑物（含围墙）砖砌体（普通黏土砖、多孔砖、蒸压灰砂砖、蒸压加气混凝土砌块及其他各种中小型砌块等）砌筑好后，不同程度地出现斜裂缝、水平裂缝、竖向裂缝等各种形式的裂缝，如图2-14、图2-15所示。

（二）原因分析

（1）地基的不均匀变形，使墙体受到较大的剪力。

图2-14　升压站内建筑物墙体开裂

（2）沉降缝处理不当，未设置或设置不当。

（3）温度变化的影响使砖砌体出现斜缝。

（4）地基中的毛细水冻结，体积膨胀，向上隆起。

（5）荷载力不足。

（6）地震作用。

（7）施工中管理不好，砌筑质量出现问题，砌筑形式有误或砂浆稠度过大，吸水后干缩或砂浆强度不饱满。

（8）构造柱模板固定紧穿透墙体固定模板，破坏砌体结构稳定。

（三）预防治理措施

（1）砌体工程施工前处理好地基，地基处理方法经专业人员确认后实施，并进行验证。

（2）施工时对于升压站内的建筑物过长、地基处理方法不同及分期建设的建筑物，应根据不同的条件设置适当的沉降缝。

图 2-15 升压站围墙墙体开裂

（3）在墙体转角、内外墙连接等易裂处设置水平钢筋，顶层采用保温层，合理地设置温度缝。

（4）将基础埋置在冰冻线以下。

（5）根据荷载情况设计墙体厚度，严格控制施工质量。

（6）设置构造柱，按结构抗震设置规范要求设置圈梁。

（7）加强现场管理，严格按砌筑工程的操作规范进行操作，砌筑工作开始前进行必要的交底，选择具备砌筑水平的人员进行砌筑施工，加强过程检查验收。砌体中砖缝搭接不少于1/4砖长，不得集中使用半头砖，避免出现通缝现象。

（8）构造柱内设置对拉螺杆固定模板，避免破坏墙体，抹灰施工前对螺杆洞进行封堵。

TB-011：填充墙砌体开裂

（一）通病现象

风电工程升压站建筑砌块（蒸压加气混凝土砌块等）填充墙开裂，或与混凝土柱、梁、墙连接处出现裂缝，严重时受撞击倒塌。

（二）原因分析

（1）钢筋混凝土梁、板与填充墙之间未楔紧或未填实。砌筑完成后顶部补砌挤紧时间过早，或斜砌砖挤紧不符合要求，如图2-16所示。

（2）填充墙与混凝土柱、梁、墙未按规定预埋拉结筋，或后植筋不符合要求，影响拉结力。

（3）砌体砌筑工艺不达标，灰缝厚度大或砂浆不饱满等。

（4）墙底部200mm未采用强度较高、吸水率小、耐碰撞的材料砌筑。

图 2-16   填充墙顶部斜砌砖挤密不密实

（三）预防治理措施

（1）加气混凝土砌块墙砌至接近梁、板底部时，应留一定空隙（200mm），待墙体砌筑完并应至少间隔 7d（宜 15d）后，用实心配砖斜砌楔紧（角度宜为 60°~75° ）。补砌时，对双侧竖缝用高标号水泥砂浆嵌填密实。

（2）混凝土结构中按规定要求合理留置墙体拉结筋，并在墙体砌筑时将其凿出调直砌在墙体内，后植筋满足要求。

（3）符合砌筑工艺要求，拉线错缝搭砌，搭接长度、灰缝和砂浆饱满度满足砌筑要求。

（4）墙底部采用强度较高、吸水率小、耐碰撞的材料砌筑。

二、钢筋工程质量通病及防治措施

适用于风电工程升压站建（构）筑物、设备基础、风机及箱式变压器基础钢筋工程质量通病防治。

TB-012：钢筋原材现场保管保护措施缺失，领用不当

（一）通病现象

（1）钢筋原材现场摆放，未分类堆放且未标识，缺少必要保护措施，如图 2-17 所示。

（2）钢筋表面出现黄色浮锈，严重的转为红色，日久后变成暗褐色，甚至发生鱼鳞片剥落现象，如图 2-18 所示。

（3）材料加工人员未认真核对，加工领料错误。

图 2-17　现场钢筋原材存放混乱无防
　　　　 护、标识图

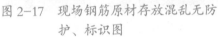

图 2-18　现场钢筋表面锈蚀严重

（二）原因分析

（1）材料站布置未提前规划，大批量材料集中进场，卸货就近处置。

（2）保管不良，现场存放时无铺垫，雨雪天气不采取措施，或存放时间过长，仓库环境潮湿，通风不良等引起钢筋锈蚀严重。

（3）原材料管理不当，钢筋品种、等级混杂，直径大小不同的钢筋堆放在一起，难以分辨，影响使用。

（4）现场钢筋发放未建立台账，领用混乱。

（三）预防治理措施

（1）尽量分批购买钢筋，钢筋库存期不宜过长，工地临时使用的料场应选择地势高、地面干燥的露天场地。钢筋到场之后，要做到场地平整，下垫枕木，上盖防水布，使钢筋不与地面直接接触，场地四周要有排水措施。

（2）红褐色锈斑可用人工钢刷清除，尽可能采用机械方法。对于锈蚀严重，发生锈皮剥落现象的，应研究是否降级使用或不用。

（3）原材料及加工后的半成品堆放按材质和规格分开放置，应进行标牌标识，下料加工前认真核对材质和规格。

（4）现场钢筋发放建立台账，可追溯。

TB-013：钢筋原材、试件复试取样送检不规范

（一）通病现象

钢筋原材料力学、接头试验不规范，钢筋材质单批号、数量和试验报告单上不相符，工程部位不详细。未能按规范要求中的数量批次取样送检。

（二）原因分析

（1）现场取样送检管理不善，取样、送样人员工作不认真。

（2）缺乏相关知识。

（三）预防治理措施

（1）加强现场取样、送样管理，完善相关制度。

（2）取样、送样人员需经培训合格后方可上岗，收到报告单后认真检查核对，填写不规范及时按要求进行更改，不得积压。

（3）钢筋进场时，应按照现行国家标准的规定抽取试件做力学性能试验。其质量必须符合标准的规定。以同一厂家、同一炉号、同一规格、同一交货状态、同一进场时间不超过60t为一验收批，不足60t也按一批计。每一验收批至少应抽取5个试件，先进行质量偏差检验，再取其中2个试件进行力学性能检验。

（4）焊接接头：同接头形式、同钢筋级别300个接头为一验收批。不足300个接头也按一批计，试件从成品中随机切取3个试件做抗拉强度试验。

（5）机械连接接头：同一施工条件下采用同一批材料的同等级、同形式、同规格接头，以500个为一个验收批进行检验预验收，不足500个也作为一个验收批。接头的每一验收批，必须在工程中随机截取3个接头试件做抗拉强度试验。

TB-014：钢筋成品保护不当

（一）通病现象

钢筋成型后外形准确，但在堆放或搬运过程中发现弯曲、歪斜、角度偏差，或后浇带、施工缝、构造柱等部位预留钢筋长时间搁置，未进行防锈保护处理，如图2-19所示。

（二）原因分析

（1）已绑扎钢筋需长时间搁置，未进行防锈处理。

（2）钢筋加工成型后，往地面摔得过重，或因地面不平，或与别的物体或钢筋碰撞成伤；堆放过高或支垫不当被压弯；搬运频繁，装卸"野蛮"。

（三）预防治理措施

（1）对后浇带、施工缝、构造柱等部位预留钢筋搁置时间超过3个月以上的，必须对预留钢筋进行防锈保护处理（在钢筋表面涂刷水泥浆）。

（2）搬运、堆放要轻抬轻放，放置地点要平整，支垫应合理；尽量按施工需要运至现场并按使用先后顺序堆放，以避免翻垛。

图 2-19　预留柱钢筋未进行防锈保护处理

TB-015：钢筋原材加工不规范

（一）通病现象

（1）沿钢筋全长有一处或数处弯折，未调直。

（2）钢筋加工弯曲半径过大，或弯钩长度、角度不符合规范要求，或箍筋弯钩形式、弯钩长度等不满足要求，如图2-20、图2-21所示。

图2-20 钢筋加工长度不足　　图2-21 箍筋加工弯钩角度不足

（二）原因分析

（1）钢筋原材不顺直，加工时未进行调直。

（2）钢筋下料长度不准确或工人偷懒省力。箍筋边长成型尺寸与图纸要求误差过大。没有严格控制扳距或弯曲度，一次弯曲多个箍筋时，没在弯折处逐根对齐，或加工机械存在偏差。

（三）预防治理措施

（1）直径14mm及14mm以下的钢筋用钢筋调直机调直；粗钢筋用人工在工作案台对弯曲处采用有效的工具和方法进行扳直或用大锤打直。

（2）钢筋加工人员认真核对图纸和熟悉《混凝土结构工程施工质量验收规范》（GB 50204）钢筋分项工程相关要求，精确计算配料单，经实际放样核对料单无误后批量加工；根据钢筋规格选择弯曲机械，按规范要求控制好弯钩角度和弯折后平直部分长度，根据钢筋弯制角度和钢筋直径确定好扳距大小。对于超过质量标准的箍筋，I级钢筋可以重新将弯折处直开，再行弯曲调整，只可返工一次，对于其他钢筋，不得重新弯曲。

TB-016：直螺纹连接钢筋加工不达标

（一）通病现象

（1）钢筋丝头生锈，套筒扭入困难或无法扭入；钢筋丝头完整但螺纹长度不足或过长，如图2-22所示。

（2）钢筋端头不平，出现严重的"马蹄形"，造成钢筋丝头在连接套筒中无

 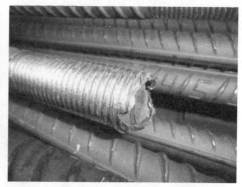

图 2-22　直螺纹生锈、丝扣长度不足　　图 2-23　直螺纹连接丝扣端头不平

法对顶，使接头的刚度降低，如图 2-23 所示。

（二）原因分析

（1）钢筋丝头加工完成后，没有及时加橡胶套，容易导致钢筋丝头受外界空气和水汽侵蚀生锈，影响丝头与套筒的连接质量。另外可能加工以后放置时间过长未及时使用所致。

（2）丝头加工参数向加工工人有效交底落实；工人加工操作不当，自检不到位或丝头设计参数不当等，造成钢筋丝头有效螺纹加工过长或过短。

（3）钢筋下料断面不平直或用普通切断机下料而形成马蹄面。

（三）预防治理措施

（1）直螺纹连接钢筋严格按《直螺纹连接技术规程》（JG/T 163）相关要求加工。

（2）使用钢筋切断机时，严格保持钢筋与切断机的垂直度，尽量减小切口。钢筋剥肋绞丝完成后，采用砂轮机对钢筋端部进行打磨，保证端部平整。

（3）在完成钢筋丝头质量自检后，立即拧上丝头保护帽。监理人员可通过检查施工单位的加工记录、自检记录，对比现场丝头的加工质量进行检查。

（4）现场钢筋下料，应采用无齿锯切断钢筋，或采用钢筋机械连接专用的钢筋切断机下料。严禁气割或用其他热加工方法切断钢筋。保证钢筋连接时钢筋丝头在连接套筒中的对顶效果，下料切割面应与轴线垂直，钢筋端部不得产生马蹄形。

（5）必须对钢筋丝头加工质量严格把关。对钢筋端面打磨、螺纹长度应加强检查，另外对套丝设备的维护也必须到位，刀具磨损后应及时更换。落实加工工人的技术交底工作，同时操作工人需持合格培训证上岗，有效螺纹过短的钢筋丝头不得使用，应重新加工。丝头设计参数是否合理需通过工艺检验验证。

TB-017：钢筋安装不规范（绑扎、间距不符、保护层、接头位置错误等质量问题）

（一）通病现象

（1）钢筋绑扎不规范，少扎、漏扎现象较多，绑扎搭接长度不够以及弯起钢筋方向错误等，如图 2-24、图 2-25 所示。

（2）钢筋绑扎间距不符合规范要求，或同一连接区段内受拉钢筋搭接接头数量、接头面积百分率、柱筋接头错开间距不满足规范和设计要求，如图 2-26 所示。

（3）浇筑混凝土前发现基础、柱中钢筋的混凝土保护层厚度没有达到规范要求，如图 2-27 所示。

（4）安装钢筋出现严重弯曲变形。

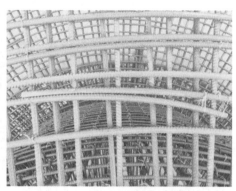

图 2-24 风机基础钢筋绑扎搭接 长度不足　　　　图 2-25 风机基础钢筋搭接绑扎漏扎

图 2-26 直螺纹连接接头位置未错开　　　图 2-27 钢筋保护层厚度 不足

（二）原因分析

（1）未对操作人员进行技术交底或认真核对图纸。操作工人技能不达标或偷懒，钢筋下料制作不规范或未进行翻样下料。

（2）由于操作人员疏忽，施工前未规划，使得钢筋绑扎间距不一致；操作人员无视柱筋连接接头位置的要求，或同截面的钢筋接头过多，其受力钢筋截面积占总截面积的百分率超出规范规定数值。

（3）钢筋保护层未按要求制作垫块，或垫块数量不够，使得混凝土保护层厚度达不到设计要求。

（4）操作人员使用已严重变形、扭曲的钢筋，或未做好成品保护。

（三）预防治理措施

（1）加强施工人员技能培训，做好技术交底和检查力度。钢筋绑扎按《混凝土结构工程施工质量验收规范》（GB 50204）钢筋分项工程部分相关要求施工，绑扎应牢固，严禁缺扣、松口、漏扎，必须保证受力钢筋不位移，网片钢筋绑扎铁丝要交换方向，呈"八"形；认真核对图纸和熟悉规范要求，精确计算配料单，安装时核对配料单和构件尺寸。钢筋在搭接长度内必须采用三点绑扎，用双丝绑扎搭接钢筋两端，中间再绑扎一道。

（2）操作人员进行绑扎钢筋施工时，应有良好的施工习惯，摆放施工钢筋时严格按图纸设计间距进行施工。钢筋接头的搭接长度、接头方式及接头位置应符合设计和规程的要求，施工前应查阅图纸，并根据钢筋进场情况规范接头的位置，使其满足《混凝土结构设计规范》（GB 50010）要求。

（3）在钢筋绑扎前应根据图纸设计要求提前制作保护层垫块，选材要保证强度和厚度，施工前认真按要求放置，验收时检查保护层垫块高度是否准确，如不准确及时调整。

（4）不得直接安装严重弯曲变形的钢筋，或对已绑扎好的钢筋，不得随意碰撞造成钢筋严重弯曲变形。对已严重变形、扭曲的钢筋，必须做加强或返工处理，且应按规范要求绑扎钢筋。

TB-018：柱筋偏位

（一）通病现象

柱钢筋出现偏移，无纠偏措施或技术处理措施不当，如图2-28所示。

（二）原因分析

（1）轴线放样错误，柱筋随意生根，对已造成偏位的柱筋不进行纠偏。

（2）柱筋固定不到位（特别是混凝土浇筑过程中，未做跟踪检查）。

（三）预防治理措施

（1）确保柱轴线位置正确。

图 2-28　柱钢筋偏移

（2）柱定位箍筋设置，必须柱底设一道（固定在梁筋上），距板面以上50mm 设一道，且应绑扎牢固。

（3）混凝土浇捣过程中不得强行扳动柱筋，钢筋班组要有专人值班，发现有偏位，应及时纠正。

（4）对已偏位的柱筋，必须做纠偏处理，对偏位过大的柱筋，要设同柱筋根数加强筋，端部做 90 度弯锚，与柱筋绑扎牢固，且底部同梁上层主筋（混凝土保护层凿除）焊牢，或做植筋处理。偏差较小时可以剔除部分混凝土，把钢筋做1：6 微弯处理。

TB-019：钢筋焊接连接质量差

（一）通病现象

（1）预埋件、钢筋搭接焊的焊接部位出现未焊合、咬边、夹渣、气孔等质量问题，或出现未满焊或焊接长度不满足规范要求，下道工序施工前未及时清理焊渣、药皮等情况，如图 2-29 所示。

（2）钢筋焊接后轴线未在同一直线上，如图 2-30 所示。

图 2-29　钢筋焊接工艺差、焊
　　　　　渣药皮未清理

图 2-30　钢筋焊接后轴线不同心

（二）原因分析

（1）操作人员责任心不足，技术水平不达标且未进行交底。

（2）焊接工艺方法不当。焊接电流大小和时间控制不当引起未熔合或咬边现象，及焊剂受潮或钢筋、钢板锈蚀严重等情况。

（三）预防治理措施

（1）操作工人需取得相应资格证书并进行技术交底，落实责任，加强施工过程中的质量检查工作。

（2）根据钢筋直径的大小，选择合适的焊接电流及相应的焊接时间，针对钢筋的焊接性，采取相应的焊接工艺。在钢筋工程焊接开工之前，参与该项目工程施焊的焊工必须进行现场条件下的焊接工艺试验，应经试验合格后，方准于焊接生产。

（3）焊接接头焊缝必须饱满，焊接长度应符合"单面焊为10d，双面焊为5d"的要求，焊接完成后及时清理焊渣。

（4）焊前应将焊剂按要求烘干，并保持清洁，钢筋和钢板的焊接处需清除锈污。

（5）按照《钢筋焊接及验收规程》（JGJ 18）要求，搭接焊时，焊接端钢筋应预弯，并应使两钢筋的轴线在同一直线上。

三、模板工程质量通病及防治措施

适用于风电工程升压站建（构）筑物、设备基础、风机及箱式变压器基础模板工程质量通病防治。

TB-020：模板安装轴线位移

（一）通病现象

风电工程升压站建（构）筑物、设备基础、风机及箱式变压器基础混凝土拆除模板后，出现混凝土柱、墙、基础等实际位置与设计轴线位置有偏移。

（二）原因分析

（1）模板翻样错误或技术交底不清，模板拼装时组合件未能按规定就位。

（2）结构轴线测放错误。

（3）墙、柱模板根部或顶部无限位措施或限位不牢，发生偏位后又未及时纠正，造成累积误差。

（4）支模时未拉水平、竖向通线，且无竖向垂直度控制措施。

（5）模板刚度差，未设水平拉杆或水平拉杆间距过大。

（6）混凝土浇筑时未均匀对称下料，或一次浇筑高度过高造成侧压力过大挤偏模板，造成模板位移。

（7）对拉螺栓、顶撑、木楔使用不当或松动造成轴线偏位。

（三）预防治理措施

（1）将模板翻成详图，并注明各部位编号、轴线位置、几何尺寸、剖面形状、预留孔洞、预埋件等，以此作为模板制作、安装的依据，相关人员要审核模板加工图及技术交底。

（2）模板轴线测放后，组织专人进行复核验收，确认无误后才能支模。

（3）墙、柱模板根部和顶部必须设可靠的限位措施，如：采用预埋短钢筋固定钢支撑，以保证模板底部位置准确。

（4）支撑时要拉水平、竖向通线，并设竖向垂直度控制线，以保证模板水平、竖向位置准确。

（5）根据混凝土结构特点，对模板进行专门设计，以保证模板及支架具有足够强度、刚度和稳定性。

（6）混凝土浇筑前，对模板轴线、支架、顶撑、螺栓进行认真检查、复核，发现问题及时进行处理。

（7）混凝土浇筑时，要均匀对称下料，浇筑高度应严格控制在施工规范允许的范围内。

TB-021：模板支撑选配不当

（一）通病现象

模板支撑体系选配和支撑方法不当，结构混凝土拆除模板后，出现变形。

（二）原因分析

（1）支撑选配马虎，未经过安全验算，无足够的承载能力及刚度，混凝土浇筑后模板变形。

（2）支撑稳定性差，无保证措施，混凝土浇筑后支撑自身失稳，使模板变形。

（三）预防治理措施

（1）模板支撑系统根据不同的结构类型和模板类型来选配，以便相互协调配套。使用时，应对支撑系统进行必要的验算和复核，尤其是支柱间距应经计算确定，确保模板支撑系统具有足够的承载能力、刚度和稳定性。

（2）支撑体系的基底必须坚实可靠，保证在混凝土重量和施工荷载作用下不产生变形。竖向支撑基底如为土层时，应在支撑底铺垫型钢或脚手板等硬质材料。

（3）木质支撑体系如与木模板配合，木支撑必须钉牢楔紧，支柱之间必须加强拉结连紧。钢质支撑体系其钢楞和支撑的布置形式应满足模板设计要求，并能保证安全承受施工荷载，钢管支撑体系一般宜扣成整体排架式，其立柱纵横间距一般为1m左右（荷载大时应采用密排形式），同时应加设斜撑和剪刀撑。

TB-022：模板安装接缝不严、标高偏差、清理不干净

（一）通病现象

（1）模板安装完成，接缝不严，混凝土浇筑时产生漏浆。

（2）验收模板，测量时发现标高与施工图设计标高之间有偏差。

（3）模板支设完成，混凝土浇筑前，模板内残留木块、浮浆残渣、碎石等建筑垃圾未清理，影响混凝土浇筑后质量。

（二）原因分析

（1）模板翻样不准确，木模板制作粗糙，拼缝不严。钢模板变形未及时修整，接缝措施不当。梁、柱交接部位，接头尺寸不准、错位。

（2）标高控制点少，转测次数过多造成累计误差过大或控制网无法闭合。施工时人员操作未按标高标记施工，预埋件、预留孔洞未固定均会引起模板标高偏差。

（3）钢筋绑扎完毕，封模前未进行清扫。墙柱根部、梁柱接头最低处未留清扫孔，或所留位置不当无法进行清扫。

（三）预防治理措施

（1）要求模板施工认真翻样，钢模板变形，特别是边框外变形，要及时修整平直；钢模板间嵌缝措施要合理（可采用双面胶纸），不能用油毡、塑料布、水泥袋等嵌缝堵漏；梁、柱交接部位支撑要牢靠，拼缝要严密（缝间加双面胶纸）。

（2）设置足够的标高控制点，模板顶部设置标高标记，严格按标记施工；预埋件及预留孔洞，在安装前应与图纸对照，确认无误后准确固定在设计位置上，必要时用电焊或套框等方法将其固定，在浇筑混凝土时，应沿其周围分层均匀浇筑，严禁碰击和振动预埋件与模板。

（3）钢筋绑扎完毕，在封模前，派专人将模内垃圾清除干净。对墙柱根部、梁柱接头处预留清扫孔，预留孔尺寸不小于 100mm × 100mm，模内垃圾清除完毕后及时将清扫口处封严。

四、混凝土工程质量通病及防治措施

适用于风电工程升压站建（构）筑物、设备基础、风机及箱式变压器基础混凝土工程质量通病防治。

TB-023：结构混凝土强度不够

（一）通病现象

同批混凝土试块的抗压强度平均值低于设计要求等级。

（二）原因分析

（1）水泥原材过期或受潮，活性降低；砂石料级配不好，空隙大，含泥量

大，杂物多；外加剂使用不当，掺量不准确。

（2）混凝土配合比不当，计量不准，施工中随意加水，使水灰比增大。

（3）混凝土加料顺序颠倒，搅拌时间不够，拌和不匀。

（4）冬季施工，拆模过早或早期受冻。

（5）混凝土试块制作未振捣密实，养护管理不善，或养护条件不符合要求，在同条件养护时，早期脱水或受外力砸坏。

（三）预防措施

（1）水泥应有出厂合格证，经复试合格；砂石粒径、级配、含泥量等应符合要求。

（2）严格控制混凝土配合比，保证计量准确。

（3）混凝土应按顺序拌制，保证搅拌时间和拌匀。

（4）采取措施，防止混凝土早期受冻。

（5）按施工规范要求认真制作混凝土试块，并加强对试块的管理和养护。

（6）治理措施：当混凝土强度偏低，可采用非破损方法（如回弹仪法、超声波法）、钻芯取样法来测定结构混凝土实际强度，如不能满足要求，可按实际强度校核结构的安全度，研究处理方案，采取相应加固或补强措施。

TB-024：建（构）筑物混凝土位移倾斜

（一）通病现象

风电工程升压站建（构）筑物、设备基础、风机及箱式变压器基础混凝土或预埋件中心线对定位轴线，产生位移或倾斜，且超过允许偏差值，如图 2-31 所示。

（二）原因分析

（1）模板支设不牢固，混凝土振捣时产生位移或倾斜。

（2）放线出现较大误差，模板就位时未认真检查。

图 2-31　混凝土柱轴线偏移

（三）预防措施

（1）模板应固定牢固，不得松动，以保持模板在混凝土浇筑时不致产生较大的水平位移。

（2）模板应拼缝严密，并支顶在坚实的地基上，无松动；螺栓应紧固可靠，标高、尺寸应符合要求，并应检查核对，以防止施工过程中发生位移或倾斜。

（3）放线位置线要弹准确，认真吊线找直，及时调整误差，以消除误差累计，并认真检查、核对，保证施工误差不超过允许偏差值。

（4）振捣混凝土时，不得冲击振动钢筋、模板及预埋件，以防止模板产生变形或预埋件位移或脱落。

TB-025：混凝土结构变形、表面不平

（一）通病现象

拆模后发现混凝土结构出现鼓凸、缩颈或翘曲现象，表面凹凸不平，板厚薄不一，如图 2-32、图 2-33 所示。

图 2-32　混凝土基础胀模鼓凸　　　图 2-33　混凝土梁胀模鼓凸

（二）原因分析

（1）模板支撑间距过大或穿墙螺栓未锁紧，模板刚度差；组合小钢模，未按规定设置连接件，造成模板整体性差。局部模板无法承受混凝土振捣时产生的侧向压力，导致局部胀模。

（2）竖向承重支撑的地基土未夯实，未垫平板，支撑处地基下沉。

（3）浇筑墙、柱、基础混凝土速度过快，一次浇灌高度过高，振捣过度。

（4）采用木模板或胶合板模板施工，经验收合格后未及时浇筑混凝土，长期日晒雨淋导致模板变形。

（5）混凝土浇筑后，表面仅用铁锹拍平，未用抹子找平压光，造成表面粗糙不平。或混凝土未达到一定强度时，上人操作或运料时，使表面出现凹凸不平或印痕。

（三）预防治理措施

（1）模板及支撑系统设计时，应充分考虑其本身自重、施工荷载、混凝土自重及浇捣时产生的侧向压力，以保证模板及支架有足够的承载能力、刚度和稳定性。

（2）支撑底部若为回填土方地基，应先按规定夯实，设置排水沟，并铺放通长垫木或型钢，以确保支撑不沉陷。

（3）浇捣混凝土时，要均匀对称下料，严格控制浇灌高度，既要保证混凝土振捣密实，又要防止过分振捣引起模板变形。

（4）对于跨度不小于4m的混凝土梁、板，其模板应按设计要求起拱；当设计无具体要求时，起拱高度宜为全跨长度的1/1000~3/1000。

（5）浇筑混凝土后，应根据水平控制标志或弹线用抹子找平、压光，终凝后浇水养护；在浇灌混凝土时，应加强检查，混凝土强度达到1.2MPa以上，方可在已浇结构上走动。

（6）凡凹凸鼓胀不影响结构结构质量时，可不进行处理；如只需进行局部剔凿和修补处理时，应适当修整。一般再用1：2或1：2.5水泥砂浆或比原混凝土高一强度等级的细石混凝土进行修补。凡凹凸鼓胀影响结构受力性能时，应会同有关部门研究处理方案后，再行处理。

TB-026：混凝土裂缝

（一）通病现象

混凝土裂缝是风电建筑工程中常出现的通病现象，主要为荷载裂缝、收缩裂缝、干缩裂缝、大体积混凝土温度裂缝、不均匀沉陷裂缝、钢筋锈蚀引起裂缝、施工工艺裂缝、冻胀裂缝等，根据裂缝深度、宽度、规则、影响使用功能等情况判断分为有害裂缝和无害裂缝，采取相应的处理措施，裂缝现象如图2-34~图2-39所示。

图2-34　升压站内混凝土道路收缩裂缝

图2-35　风机基础混凝土表面裂缝

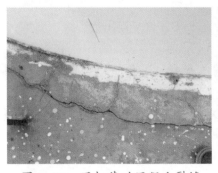

图2-36　风机基础混凝土裂缝

图2-37　升压站内道路沉陷裂缝

图 2-38　风机基础混凝土侧壁裂缝　　　图 2-39　建筑混凝土梁开裂

（二）原因分析

（1）混凝土早期养护不好，表面没有及时覆盖，受风吹日晒，表面游离水分蒸发过快，产生急剧的体积收缩，而此时混凝土强度很低，还不能抵抗这种变形应力而导致开裂。

（2）水泥用量过多，采用含泥量大的粉砂配置混凝土，或混凝土水灰比过大。

（3）模板、垫层过于干燥，吸水大。

（4）混凝土过度振捣，表面形成水泥含量较大的砂浆层，收缩量加大。

（5）冬季施工过早拆除模板、保温层，或受寒潮袭击，导致混凝土表面温度急剧变化而产生较大的降温收缩，受到内部混凝土的约束，产生较大的拉应力，而使表面出现裂缝。

（6）风机基础混凝土属大体积混凝土，原材、配合比、外加剂、养护温控措施等不符合大体积混凝土施工技术而引起混凝土温度裂缝；如风机基础大体积混凝土基础在混凝土浇灌时温度较高，当混凝土冷却收缩，混凝土内部出现很大的拉应力，产生降温收缩裂缝，裂缝较深的，有时是贯穿性的，破坏结构整体性。

（7）不均匀沉陷裂缝由于地基未经夯实，混凝土浇筑后，地基因浸水引起不均匀沉降。

（8）冻胀裂缝出现由于冬季施工混凝土结构构件未保温，混凝土早期遭受冻结，将表面混凝土冻胀，解冻后钢筋部位变形仍不能恢复而出现裂缝、剥落。

（三）预防治理措施

（1）严格控制水灰比和水泥用量，级配良好，避免使用过量粉砂，振捣密实。

（2）浇灌混凝土前，将基层和模板浇水湿透。混凝土浇筑后，表面及时覆盖，注意对面层进行二次抹压，以提高抗拉强度，减少收缩量，认真养护。

（3）在高温、干燥及刮风天气，应及早喷水，加强早期养护并适当延长养护时间。

（4）冬季混凝土表面应采取保温措施，不过早拆除模板或保温层。

（5）大体积混凝土拆模时，块体中部和表面温差不宜大于25℃，以防急剧冷却造成表面裂缝；地下结构混凝土拆模后要及时回填。

（6）预防深进或贯穿温度裂缝，应精良选用水化热小的水泥（如矿渣或粉煤灰水泥）配置混凝土，或在混凝土中掺适量粉煤灰、减水剂，以节省水泥，减少水化热量；选用良好级配的集料，控制砂、石子含泥量，降低水灰比（0.6以下）加强振捣，提高混凝土密实性和抗拉强度；避开炎热天气浇筑大体积混凝土，必要时，可采用冰水搅拌混凝土，或对集料进行喷水预冷，以降低浇灌温度，分层浇灌混凝土，控制每层浇筑厚度；加强洒水养护，夏季应适当延长养护时间，冬季适当延缓保温和脱模时间，缓慢降温，拆模时内外温差控制不大于20℃。大体积混凝土施工按《大体积混凝土施工标准》（GB 50496）相关要求做好裂缝控制。

（7）道路混凝土出现不均匀沉陷裂缝，对松软土、填土地基应进行必要的夯（压）实；避免直接在松软土或填土上制作预制构件，构件制作场地周围做好排水措施。

（8）冬季施工时，配置混凝土应采用普通水泥，低水灰比，并掺适量早强抗冻剂；混凝土施工后进行蓄热保温或加热养护。

TB-027：混凝土蜂窝、麻面、孔洞、露筋、夹杂、缺棱掉角

（一）通病现象

（1）混凝土结构局部出现酥松、砂浆少、石子多、石子之间形成类似蜂窝的空隙，如图2-40所示。

（2）混凝土局部表面出现缺浆和许多小凹坑、麻点，形成粗糙面，但无钢筋外露现象，如图2-41所示。

（3）混凝土结构内部有尺寸较大的空隙，局部没有混凝土或蜂窝特别大，孔洞状，如图2-42所示。钢筋局部或全部裸露，如图2-43所示。

（4）混凝土内，成层存在水平或垂直的松散混凝土，存在缝隙夹杂，如图2-44所示。

（5）混凝土结构边角处混凝土局部掉落，不规则，棱角有缺陷，如图2-45所示。

（二）原因分析

（1）混凝土配合比不当或砂、石子、水泥材料加水量计量不准。混凝土未拌和均匀，和易性差。

（2）下料不当并振捣不密实或漏振，造成石子砂浆离析。模板缝隙未堵严，水泥浆流失。拆模后混凝土出现蜂窝状。

图 2-40　预制风机塔筒壁混凝土漏浆蜂窝

图 2-41　风机基础混凝土浇筑后侧表面粗糙、麻面

图 2-42　混凝土浇筑后出现孔洞、露筋

图 2-43　基础混凝土钢筋保护层厚度不足露筋

图 2-44　模板未清理混凝土夹渣

图 2-45　混凝土棱角处缺陷

（3）木模板未浇水湿润或湿润不够、表面粗糙或黏附水泥浆渣等杂物未清理干净、脱模剂涂刷不匀或局部漏刷，拆模时混凝土表面被粘坏，出现麻面或缺棱掉角等状况。

（4）钢筋保护层垫块设置不当或漏放、结构构件截面小钢筋过密、施工时撞击或踩踏钢筋使钢筋位移，易引起露筋。

（5）施工缝或变形缝未经接缝处理、清除表面水泥薄膜和松动石子或未除去软弱混凝土层或其他泥土、砖块等杂物并充分湿润就浇筑混凝土；底层交接处未灌接缝砂浆层，接缝处混凝土未很好振捣；出现夹层现象，冬季施工时未做好冬季施工措施，会出现冰雪夹层。

（6）混凝土浇筑后养护不好，造成脱水，强度低，或模板吸水膨胀将边角拉裂、拆模时，棱角被粘掉。拆模时，边角受外力或重物撞击，或保护不好，棱角被碰掉或低温施工过早拆除侧面非承重模板，出现缺棱掉角现象。

（三）预防治理措施

（1）认真设计、严格控制混凝土配合比，经常检查，计量准确，混凝土拌和均匀，坍落度合适。

（2）混凝土下料高度超过2m应设串筒或溜槽；预留孔洞，应两侧同时下料，侧面加开浇灌口；浇灌应分层下料，分层振捣，防止漏振；模板缝应堵严密，浇灌中，应随时检查模板支撑情况防止漏浆。

（3）基础、柱、墙根部应在下部浇完间歇1~5h，沉实后再浇上部混凝土，避免出现"烂脖子"。

（4）模板表面清理干净，不得粘有水泥砂浆等杂物；浇灌混凝土前，木模板应浇水充分湿润，模板缝隙应用油毡纸、腻子等堵严；隔离剂应选长效的，涂刷均匀，不得漏刷。

（5）应保证钢筋位置和保护层厚度正确，并加强检查，保护层混凝土要振捣密实。在钢筋密集处及复杂部位，采用细石混凝土浇灌，在模板内充满，认真分层振捣密实或配人工捣固。混凝土振捣严禁撞击钢筋，操作时，避免踩踏钢筋，如有踩弯或脱扣等应及时调整修正。

（6）认真按施工验收规范要求处理施工缝及变形缝表面；接缝处锯屑、泥土、砖块等杂物应清理干净并洗净。浇筑过程中，要振捣密实；同时防止木块等杂物掉入混凝土中。接缝处浇灌前应先浇5~10cm厚原配合比水泥砂浆，以利结合良好，并加强接缝处混凝土的振捣密实；冬季施工时要制定冬季施工预防措施，防止冰雪的夹层。

（7）正确掌握脱模时间，防止过早拆模。拆除侧面非承重模板时，混凝土应具有1.2MPa以上强度。拆模时注意保护棱角，避免用力过猛过急，碰坏棱角。混凝土浇筑后应认真浇水养护；做好成品保护，可将成品混凝土阳角采取措施保护，以免碰损。

第三节 装饰装修工程

一、抹灰工程质量通病及防治措施

适用于风电工程升压站主控楼及各类辅助建筑、围墙的抹灰工程质量通病防治。

TB-028：抹灰层空鼓、裂缝

（一）通病现象

内外墙面抹灰层出现空鼓、裂缝，如图 2-46、图 2-47 所示。

图 2-46　墙面抹灰层厚度过大开裂　　图 2-47　墙面抹灰层裂缝

（二）原因分析

（1）基层处理不好，清扫不干净，浇水不透。

（2）墙面平整度偏差较大。

（3）原材料质量不符合要求，砂浆配合比不当，砂浆和易性、保水性差，硬化后黏结强度差。

（4）夏季施工砂浆失水过快或抹灰后没有适当洒水养护。

（5）没有分层抹灰，一次抹灰太厚或各抹灰层间隔太近。

（6）不同材料交接处未设加强网或加强网搭接宽度过小。

（7）抹灰完成面打凿开槽。

（8）干燥高温季节抹灰面未养护。

（三）预防治理措施

（1）抹灰前对凹凸不平的墙面必须剔凿平整，凹陷处用 1:3 水泥砂浆找平。基层表面清扫干净并进行"扫浆拉毛"处理。

（2）抹灰前对墙面脚手架孔洞或其他孔洞、混凝土墙蜂窝、凹洼、缺棱掉角处及加气混凝土墙面缺棱掉角和板缝处进行专业修补抹平，表面凸出较大的地方要实现剔平刷净。

（3）抹灰工程对水泥的凝结时间和安定性进行复验，检验合格方允许使用。对砂浆和易性、保水性差可掺入适量的石灰膏或加气剂、塑化剂改善。

（4）基层抹灰前水要湿透，砖基应浇水两遍以上，加气混凝土基层应提前浇水。

（5）分层抹灰，每层抹灰层不得过厚且控制分层抹灰时间间隔；当抹灰总厚度大于或等于35mm时应采取加强措施，不同材料基体交接处表面的抹灰应采取防止开裂的加强措施，当采用加强网时与各基体的搭接宽度不应小于150mm。

（6）禁止墙面打凿开槽，开槽应采用机械切割并保证深度适宜。

（7）长度较长（如檐口、肋脚等）和高度较高的室外抹灰，为了不显接槎，防止抹灰砂浆收缩开裂，应设计分隔缝。

（8）夏季外墙抹灰应避免在日光暴晒下进行。罩面成活后第二天应浇水养护，并坚持养护7d以上。

（9）窗台抹灰开裂，雨水容易从缝隙中渗透，引起抹灰层的空鼓，甚至脱落。要避免抹灰后出现裂缝，应尽可能推迟窗台抹灰时间，使结构沉降后进行，加强养护，防治砂浆的收缩而产生抹灰的裂缝。

TB-029：抹灰面不平，阴阳角不垂直、不方正

（一）通病现象

墙面抹灰后，经质量验收，抹灰面平整度、阴阳角垂直或方正达不到要求，如图2-48所示。

（二）原因分析

抹灰前没有事先按规矩找方、挂线、做灰饼和冲筋，冲筋用料强度较低或冲筋后过早进行抹面施工；冲筋离阴阳角距离较远，影响了阴阳角的方正。

（三）预防治理措施

（1）抹灰前按规矩找方、横线找平、立线吊直，弹出基准线和墙裙（或踢脚板）线。

（2）先用托线板检查墙面平整度和垂直度，决定抹灰厚度。

图2-48　抹灰面墙面平整度差

（3）常检查和修正抹灰工具，尤其避免木杠变形后再使用。

（4）抹阴阳角时应随时检查角的方正，及时修正。

（5）罩面灰施抹前应进行一次质量验收，不合格处必须修正后再进行面层施工。

二、地面和楼面工程质量通病及防治措施

适用于风电工程升压站主控楼及各类辅助建筑的地面和楼面工程质量通病防治。

TB-030：水泥砂浆地面起砂、空鼓、不规则裂缝

（一）通病现象

（1）风电工程升压站内建筑水泥砂浆楼地面出现面层与垫层，或垫层与基层之间，用小锤敲击有空鼓声。使用一段时间后，容易开裂。严重时大片剥落，破坏地面使用功能。

（2）楼地面表面粗糙，光洁度差，颜色发白，不坚实。走动后，表面先有松散的水泥灰，用手摸时像干水泥面。随着走动次数的增多，砂粒逐步松动或有成片水泥硬壳剥落，露出松散的水泥和砂子，如图 2-49 所示。

（3）楼地面面层出现形状不规则裂缝，如图 2-50 所示。

图 2-49　楼地面起砂　　　　　图 2-50　楼地面裂缝

（二）原因分析

（1）垫层（基层）表面清理不干净、过于潮湿、基层没有凿毛或刷水泥浆等影响垫层与面层的结合，易形成空鼓。

（2）原材料质量不合格、未计量下料或配合比不当、养护不力、表面收光时机掌握不当、冬季施工未采取措施表面受冻、强度不够上人作业等易导致地面起砂或出现裂缝。

（3）首层地面回填土质量差或夯填不实，造成土方下沉产生裂缝。

（三）预防治理措施

（1）严格处理基层，表面清理并凿毛，有积水地面应晾干后再行施工；面层施工前一天，要先浇适量水湿润和认真涂刷水泥浆。

（2）确保原材质量合格，严格按满足要求的配合比计量，加强水灰比控制，这是影响楼地面起砂的关键因素之一。

（3）根据环境温度情况，做好养护工作，初凝后终凝前进行覆盖保温保湿养护，提前预防混凝土出现裂纹现象。养护周期应控制在 7~14d 为宜，以满足水泥砂浆或细石混凝土的强度增长要求，养护期间，严禁上人。

（4）掌握好压光时间并用力均匀，使表面光滑平整，冬季施工保证施工环境温度在 5℃以上，防止楼地面层的早期受冻。

（5）回填土的操作要按相应的规范要求进行，以保证回填土的密实度。

TB-031：卫生间、厨房等带地漏的地面倒泛水

（一）通病现象

地漏处地面偏高，地面倒泛水、积水，如图 2-51 所示。

图 2-51　卫生间地漏偏高积水

（二）原因分析

（1）阳台、浴厕间的地面一般应比室内地面低 20~50mm，但有时因图纸设计成一样平，施工时又疏忽，造成地面积水外流。

（2）施工前地面标高抄平，弹线不准确，施工中未按规定的泛水坡度冲筋、刮平。

（3）浴厕间地漏安装过高，以致形成地漏四周积水。

（三）预防治理措施

（1）阳台、浴厕间的地面标高设计应比室内地面低 20~50mm，施工时一定要按此要求进行施工，若图纸设计无具体的要求，要按规范的要求进行施工。

（2）施工中首先应保证楼地面基层标高准确，抹地面前以地漏为中心向四周

辐射冲筋，找好坡度，用刮尺刮平。

（3）水暖工安装地漏时，应注意标高准确，宁可稍低，也不要超高。

（4）当浴厕间地面标高与室内地面标高相同时，可在浴厕间门口处做一道宽200mm、高30~50mm的水泥砂浆挡水坎。

TB-032：块材铺贴地面空鼓、接缝问题

（一）通病现象

（1）地面块料面层铺贴后黏结不牢，存在空鼓或松动情况，如图2-52所示。

（2）块料地面铺设出现接缝不平，或纵横方向接缝缝隙不均情况，如图2-53所示。

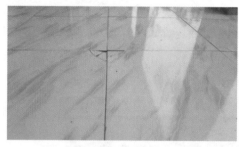

图2-52　地面贴砖空鼓开裂　　　　图2-53　地面贴砖接缝不匀

（二）原因分析

（1）基层清理不干净或浇水湿润不够、垫层砂浆加水较多、板块背面浮灰没有刷净和用水湿润、操作锤击不当等易造成面层空鼓。

（2）板块事先挑选不严，存有厚薄、宽窄、窜角、翘曲等缺陷，铺设后在接缝处产生不平，缝子不匀现象；各房间水平标高线不统一，与楼道相接的门口处出现地面高低偏差；地面铺设后，成品保护不好，在养护期内上人过早，板缝也易出现高低差等接缝问题。

（三）预防治理措施

（1）地面基层清理干净，并充分湿润；垫层砂浆配比和铺设厚度满足设计要求。如果遇有基层较低或过凹的情况，应事先抹砂浆或细石混凝土找平；石板背面的浮土、杂物必须清扫干净，并事先用水湿润，等表面稍晾干后进行铺设；采用橡皮锤敲击，根据锤击空实声增减砂浆，既要达到铺设高度，也要使砂浆平整密实。

（2）板块有翘曲、拱背、宽窄不方正等缺陷时，应事先套尺检查，试铺时认真调整，用在适当部位。

（3）统一往各房间引进标高线。

（4）铺贴前提前做好排版策划，铺设过程中随时用水平尺和直尺找准，接缝

处必须通长拉线，以免产生游缝、缝子不匀和最后一块铺不上或缝子过大的现象。

（5）板块铺设 24h 后，应洒水养护 1~2 次，以补充水泥砂浆在硬化过程中所需的水分，保证板块与砂浆黏结牢固。

（6）灌缝前应将地面清扫干净，把板块上和缝内松散砂浆进行清除，灌缝应分几次进行，用长把刮板往缝内刮浆，务使水泥浆填满缝子和部分边角不实的空隙内。

（7）对板块松动的，应将松动的板块搬起后，将底板砂浆和基层表面清理干净，用水湿润后再刷浆铺设。断裂的板块和边角有损坏的板块应作更换。

三、门窗安装工程质量通病及防治措施

适用于风电工程升压站主控楼及各类辅助建筑的门窗（钢门窗、铝合金门窗、木门窗、复合材料门窗）安装施工质量通病防治。

TB-033：门、窗扇变形、开关不灵

（一）通病现象

门、窗框翘曲，框、扇弯曲变形，关闭不严密，或者扇与框摩擦和卡住，门窗扇开关不灵。

（二）原因分析

（1）钢门窗堆放时同步面没有垫平或堆放过高，靠齐时，角度太大，包装保护又不合要求。

（2）装卸时随意甩撞，安装搬运不当。

（3）门窗框所采用的材料厚度薄，刚度不够，选用的五金件本身不配套或质量不符合要求，关闭不灵活。

（4）门窗本身安装不平整、不方正，引起开关不灵。

（三）预防治理措施

（1）严格按照有关规定堆放，按规定进行产品包装。安装前应检查，发现变形、翘曲应予修理，合格后方可安装。安装时框四周填塞要适宜，防过量向内弯曲。

（2）不准野蛮装卸安装，以防碰伤撞坏门窗框。施工时不得在门窗上搭设脚手板或悬挂滑轮吊物。

（3）框采用的材料厚度要按照国家规定，选用质量符合标准的五金件，并要配套。

（4）保证门窗框安装横平竖直。严防中竖框向扇方向偏斜，造成框扇摩擦或相卡。

四、饰面砖工程质量通病及防治措施

适用于风电工程升压站主控楼及各类辅助建筑的室内、外墙面砖装饰工程质量通病防治。

TB-034：饰面釉面砖空鼓、脱落、开裂

（一）通病现象

釉面砖镶贴会出现空鼓、脱落或开裂，如图2-54、图2-55所示。

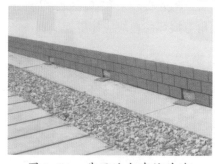
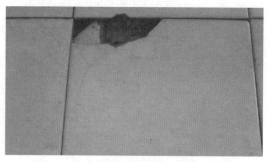

图2-54　升压站内建筑外墙　　　　图2-55　建筑内墙贴砖空鼓开裂
　　　　　贴砖脱落

（二）原因分析

（1）面砖质量不好，材质松脆，吸水率大，因受湿膨胀较大而产生内应力，使砖面开裂。

（2）基层未进行处理，上有浮灰、油渍、表面过分光滑等现象，砂浆和基层粘结不牢；墙面湿润不透或釉面砖浸泡水不足，砂浆损失太快，造成釉面砖与砂浆黏结力低；浸泡后的砖未晾干就粘贴，浮水使砖浮动下坠；砂浆已经收水，再对粘贴完的釉面砖进行纠偏移动；等易引起面砖脱落。

（3）基层上盐析形成结晶的粉末、破坏面砖与黏结砂浆之间的黏结力，造成面砖起壳。

（4）饰面层受大气温度影响，在各层间会产生应力，引起空鼓；如果面砖粘贴砂浆不饱满，面砖勾缝不严实，雨水渗漏进去后受冻膨胀，更易引起空鼓、脱落。

（5）操作不当，砂浆不饱满、厚薄不均匀、用力不均。

（6）基层抹灰面不平整。

（三）预防治理措施

（1）釉面砖应选用材质密实，吸水率质量较好的釉面砖，以减少裂缝的产生。

（2）基层清理干净，要保证平整粗糙，过凹的地方要分层填补，墙面洒水湿透。

（3）粘贴前釉面砖一定要用水浸泡透，待表面晾干后方可粘贴。

（4）在面砖粘贴过程中，宜做到一次成活，不宜移动，尤其是砂浆收水后再纠偏挪动，最容易引起空鼓。

（5）做好勾缝，防止雨水渗入。

（6）粘贴釉面砖的砂浆厚度一般控制在7~10mm之间，保证砂浆饱满、厚薄均匀，使用和易性、保水性较好的砂浆粘贴。操作时不要用力敲击砖面，防止产生隐伤。凡遇粘结不密实时，应取下重贴。

TB-035：分格缝不匀，墙面不平整

（一）通病现象

饰面工程墙面不平整，分格缝不匀，砖缝不平直，如图2-56、图2-57所示。

图2-56　外墙分隔缝不均匀　　　　图2-57　内墙贴砖墙面不平整

（二）原因分析

（1）基层表面不平整，贴砖工序施工前未找平。

（2）施工前没有按照图纸尺寸，核对结构施工实际情况，进行排砖、分格和绘制大样图。抹底子灰时，各部位挂线找规矩不够，造成尺寸不准，引起分隔缝不均匀。

（3）各部位放线贴灰饼不够，控制点少。

（4）面砖质量不好，规格尺寸偏差较大，施工中没有严格选砖，再加上施工操作不当，造成分格缝不均匀，墙面不平整。

（三）预防治理措施

（1）贴砖前抹底子灰要求确保平整，阴阳角垂直方正，抹完后立即刮毛，并注意养护。

（2）施工前应根据设计图纸尺寸，核实结构实际偏差情况，决定面砖铺贴厚度和排砖模数，画出施工大样图。一般要求横缝应与旋脸、窗台相平，竖向要求阳角窗口处都是整砖，如方格者按整块分均，确定缝子大小做分格条和划出皮数杆。根据大样图尺寸，对各窗心墙、砖垛等处要事先测好中心线、水平分格线、阴阳角垂直线，对偏差较大不符合要求的部位要事先剔凿修补，以作为安装窗框、做窗台、腰线等依据，防止贴面砖时，在这些部位产生分格缝不均，排砖不整齐等问题。

（3）基层打完底后用混合砂浆粘在面砖背后作灰饼，外墙要挂线，阴阳角上要双面挂直，灰饼的粘结层不小于10mm，间距不大于1.5m。并要根据皮数杆在底子灰上从上到下弹上若干水平线，在窗口处弹上垂直线，作为贴成砖时控制标志。

（4）铺贴面砖操作时应保持面砖上口平直，贴完一皮砖后，需将上口灰刮平，不平处用小木片或竹签等垫平，放上分格条再贴第二皮砖。垂直缝应以底子灰弹线为准，随时检查核对，铺贴后将立缝处灰浆随时清理干净。

（5）面砖使用前应先进行剔选。凡外形歪斜、缺角掉棱、翘曲、龟裂和颜色不匀者均应挑出，用套板把同号规格分大、中、小进行分类堆放，分别使用在不同部位；有些缺陷则不能使用，以防由于面砖本身质量问题造成排砖缝子不直、分格不匀和颜色不均等现象。

五、吊顶工程质量通病及防治措施

适用于风电工程升压站主控楼及各类辅助建筑的室内吊顶工程的质量通病防治。

TB-036：轻钢龙骨、铝合金龙骨纵横方向线条不平直

（一）通病现象

吊顶龙骨安装后，主龙骨、次龙骨在纵横方向上不顺直，有扭曲、歪斜现象；龙骨高低位置和起拱度不均匀，甚至成波浪线；吊顶完成后出现凹凸变形，如图2-58、图2-59所示。

图2-58　龙骨凹曲　　　　　　　　图2-59　罩面板塌陷

（二）原因分析

（1）主、次龙骨在安装前受扭折。

（2）龙骨吊点位置不正确，吊点间距设置偏大或不均，拉牵力不均匀。

（3）安装过程中，未拉通线全面调整主、次龙骨的高低位置。

（4）中间平线起拱度不符合防范要求。

（5）吊顶拉杆与顶板连接不牢固。

（6）吊杆不均匀变形产生局部下沉。

（7）吊杆、吊挂连接不牢固，如膨胀螺栓埋入深度不够，产生松动或脱落；射钉松动，虚焊脱落或杆强度不够等。

（三）预防治理措施

（1）材料进场注意保护，受过扭折的主、次龙骨一律不宜采用。

（2）按设计要求进行弹线，确定龙骨吊点位置，主龙骨端部或接长部位增设吊点，吊点间距不宜大于1200mm。吊杆距主龙骨端部距离不得大于300mm，当大于300mm时，应增加吊杆。当吊杆长度大于1.5m时，应设置反支撑。当吊杆与设备相遇时，应调整并增设吊杆，并符合设计和标准要求。

（3）四周墙面和柱面上，按吊顶高度要求弹出标高线，弹线清楚，位置正确。

（4）将龙骨与吊杆固定后，按标高线调大龙骨标高，调整时需拉通线，大房间可根据设计要求起拱，当无设计要求时，拱度一般为房间短向尺寸的1/300~1/200为宜。

（5）逐条调整龙骨的高低位置和线条平直。

（6）对于不上人吊顶，龙骨安装时挂面不应挂放施工安装器具。

（7）对于大型上人吊顶，龙骨安装后，应为机电安装等人员铺设通道板，避免龙骨承受过大的不均匀载荷而产生变形。

TB-037：罩面板造型不对称、布局不合理

（一）通病现象

吊顶罩面板安装后，罩面板布局不合理，造型不对称，整体不美观，如图2-60、图2-61所示。

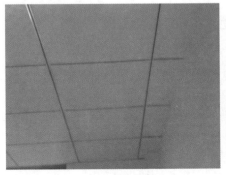

图2-60　罩面板两侧不对称

图2-61　罩面板周边出现小于1/2块面板窄条

（二）原因分析

（1）未进行房间格局测量和罩面板安装前的对称设计策划，随意安装。

（2）未按设计要求布置主次龙骨。

（3）罩面板安装流向不正确。

（三）预防治理措施

（1）在安装前，采用 CAD 进行图样策划设计，考虑周边尽量不出现小于 1/2 块面板。

（2）严格按设计要求布置主、次龙骨。

（3）罩面板安装按照从中间向四周的施工工序进行。

TB-038：吊顶与设备衔接不合理

（一）通病现象

吊顶与灯具、淋雨装置等设施衔接不合理，造成吊顶受力不合理、下坠变形、洞口布置不美观等，如图 2-62、图 2-63 所示。

图 2-62　吊顶板与排水管衔接　　　图 2-63　罩面板布局没有考虑
　　　　　布置不合理　　　　　　　　　　　　设备的搭建

（二）原因分析

（1）专业工种间配合不到位，没有进行很好协同和合作，导致装饰装修工程与电气设施安装后衔接不好。

（2）确定施工方案时，没有充分考虑施工工序的合理性。

（三）预防治理措施

（1）电气设备工种与装饰工种应相互配合，方案上应相互融合，施工工序应该统一考虑，保证施工工序正确。

（2）如果孔洞较大，其孔洞位置由设备安装工种确定，吊顶在该部位断开。

（3）大开洞处的吊杆、龙骨应特殊处理，洞周围要进行加固。

TB-039：扣板式吊顶质量缺陷

（一）通病现象

扣板拼缝与接缝明显，板面变形或挠度大，扣板脱落，如图 2-64、图 2-65 所示。

图 2-64　扣板式罩面板凹凸不平

图 2-65　扣板式与设备管道接茬处理不美观

（二）原因分析

（1）扣板拼缝与接缝明显：板材裁剪口不方正，不整齐，不完整；铝合金等板材在装运过程中造成接口处变形，安装时未校正，接口不紧密；扣板色泽不一致。

（2）板面变形或挠度大，扣板脱落：扣板材质不符合质量要求，特别是铝合金等薄型扣板保管不善或遇大风安装时易变形、易脱落，一般无法校正。

（3）扣板搭接长度不够，或扣板搭接构造要求不合理，固定不牢。

（三）预防治理措施

（1）扣板拼缝与接缝明显：

1）板材裁剪口必须方正、整齐与光洁。

2）铝合金等扣板接口处如变形，安装时应校正，其接口应紧密。

3）扣板色泽应一致，拼接与接缝应平顺，拼接要到位。

（2）板面变形，扣板脱落：

1）扣板材质应符合质量要求，须妥善保管，预防变形。铝合金等薄扣板不宜安装在室外与雨篷底，易造成变形与脱落。

2）扣板接缝应保持一定的搭接长度，不应小于 30mm，其连接应牢固。

3）扣板吊顶一般跨度不能过大，其跨度应视扣板刚度与强度而定，否则易变形、脱落。

六、涂料工程质量通病及防治措施

适用于风电工程升压站主控楼及各类辅助建筑的室内、外墙面涂料工程质量通病防治。

TB-040：涂料刷纹或接痕

（一）通病现象

涂层出现毛刷辊筒的痕迹，或在施涂搭接部位接痕明显。饰面干后，存在一丝丝高低不平的纹痕，如图 2-66、图 2-67 所示。

图 2-66　棱角涂饰接痕

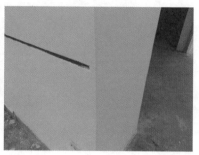

图 2-67　涂饰出现纹痕

（二）原因分析

（1）基层处理不当，基层或腻子材料吸水过快。

（2）刷子、辊筒过硬，或刷子陈旧，毛绒短小，涂刷厚薄不均。

（3）涂料本身的流平性差。

（4）施涂操作不当，搭接部位接痕明显。

（三）预防治理措施

（1）基层处理后涂刷与面涂配套的封闭底涂，采用经检验合格的腻子，薄而均匀地满批腻子。腻子干后要用砂纸磨平，清除浮粉，方可进行涂料施工。

（2）根据所用涂料选用合适的刷子或辊筒，及时清洗更换刷具。

（3）使用流平性好的有机增稠剂来改善涂料的流平性能。

（4）涂料施工应连续进行。每个刷涂面应尽量一次完成。在辊涂过程中，向上时要用力，向下时轻轻回带，为避免辊子痕迹，搭接宽度为毛辊棒长度的 1/4。一般辊涂两遍，其间隔应在 2h 以上。

TB-041：起粉、泛碱、脱皮、咬色

（一）通病现象

墙面涂料涂刷完成后，出现起粉、泛碱、脱皮、咬色的现象，如图 2-68 所示。

（二）原因分析

（1）基层处理不到位、含水率过大。

（2）施工时的温度、湿度未控制好，

图 2-68　屋顶部泛碱、脱皮

或者施工完后门窗未及时封闭。

（三）预防治理措施

（1）对内墙基层处理质量必须严格控制，要求基层施工应平整，抹纹通顺一致。涂刷前，应将基层表面油污等清理干净。

（2）顶棚应根据室内墙面水平控制线统一弹线，用白水泥（或加环保胶搅拌腻子）统一找平。

（3）对存在色差大的基层，适当增加基层满刮腻子的遍数。

（4）面层涂刷时，基层含水率不得超过 10%。

（5）进行涂饰施工时，控制好施工温度（应在 10℃以上）。

（6）涂料涂刷完成后应及时封闭门窗。

七、保温工程质量通病及防治措施

适用于风电工程升压站主控楼及各类辅助建筑的外墙保温工程质量通病防治。

TB-042：外墙保温板开裂、脱落

（一）通病现象

外墙保温板起拱、开裂、损坏、脱落，如图 2-69 所示。

（二）原因分析

（1）墙面基层处理不到位，存在油、灰污染等。

（2）保温板粘接剂出现质量问题，失效或不满足要求。

（3）保温粘贴过程中施工方法不当，粘胶剂或胶泥铺盖面积小或不均匀。

图 2-69 外墙保温板脱落

（4）保温板加强网和固定钢钉不牢固。

（三）预防治理措施

（1）墙面基层处理要干净，无污染等。

（2）检查粘接剂合格证和质量证明文件，做好进场复试。

（3）保温施工时，要严格按照施工方案和工序实施，粘接剂铺盖厚度和面积要满足要求。

（4）胶泥应与墙面同时接触，使粘胶泥与墙面粘贴紧密、均匀，并与粘贴完的保温板齐平，拼缝紧密，如遇一面粘贴不平时，应立即取下重贴。

（5）在门窗洞口四角用整板切割后粘贴，保证保温板与门窗四角交接处无板缝。在窗口处，保温板应切割成"L"形。

（6）保温板施工完成后，布设加强网，加强网粘接完成后，用钢钉加强固定，钢钉长度应满足保温板厚度要求，与结构墙体有效钉牢。

第四节　屋面工程

一、屋面基层及保温层质量通病及防治措施

适用于风电工程升压站主控楼及各类辅助建筑屋面基层及保温层质量通病防治。

TB-043：屋面找平层起砂、起皮、开裂

（一）通病现象

找平面层施工后，屋面表面出现不同颜色和分布不均的砂粒，用手一搓，砂子就会分层浮起；用手击拍，表面水泥胶浆会成片脱落或有起皮、起鼓、开裂现象；用木锤敲击，有时还会听到空鼓的哑声；找平层起砂、起皮是两种不同的现象，但有时会在一个工程中同时出现，如图 2-70、图 2-71 所示。

图 2-70　屋面找平层开裂　　　　　图 2-71　屋面找平层起砂

（二）原因分析

（1）屋面找平层厚度不符合设计要求，厚度太薄；在做找平层前，基层处理不干净。

（2）找平层材料选用不合理，骨料粒径太大和强度等级不符合设计要求。

（3）混凝土和水泥砂浆配比不符合设计和规范要求，水泥配比降低，砂子含水量和含泥量过高，或选用的水泥强度标号不适宜。

（4）水泥砂浆和混凝土的水胶比不符合设计和规范要求。

（5）找平层未按要求设置分隔缝，或分隔缝设置位置与下部保温层排气道存

在偏差。

（6）找平层做好后，未及时对混凝土和水泥砂浆进行养护，强度未达到要求。

（三）预防治理措施

（1）在松散材料保温层上做找平层时，宜选用细石混凝土材料，其厚度一般为30~35mm，混凝土强度等级应大于C20。必要时，可在混凝土内配置双向$\phi^b4@200mm$的钢筋网片。

（2）水泥砂浆找平层宜采用1：2.25~1：3（水泥：砂）体积配合比，水泥强度等级不低于32.5级。不得使用过期和受潮结块的水泥，砂子含水量不应大于5%。当采用细砂骨料时，水泥砂浆配合比宜改为1：2（水泥：砂）。

（3）水泥砂浆摊铺前，屋面基层应清扫干净，并充分湿润，但不得有积水现象。摊铺时应用水泥净浆薄薄涂刷一层，确保水泥砂浆与基层粘接良好。

（4）水泥砂浆宜用机械搅拌，并要严格控制水灰比（一般为0.6~0.65），砂浆稠度为70~80mm，搅拌时间不得少于1.5min。搅拌后的水泥砂浆宜达到"手捏成团、落地开花"的操作要求，并应做到随拌随用。

（5）做好水泥砂浆的摊铺和压实工作。推荐采用木靠尺刮平，木抹子初压，并在初凝收水前再用铁抹子二次压实和收光的操作工艺。

（6）屋面找平层施工后应及时覆盖浇水养护宜用薄膜塑料布或草袋，使其表面保持湿润，养护时间宜为7~10d。也可使用喷养护剂、涂刷冷底子油等方法进行养护，保证砂浆中的水泥能充分水化。

（7）对于面积不大的轻度起砂，在清扫表面浮砂后，可用水泥净浆进行修补；对于大面积起砂的屋面，则应将水泥砂浆找平层凿至一定深度，再用1：2（体积比）水泥砂浆进行修补，修补厚度不宜小于15mm，修补范围宜适当扩大。

（8）对于局部起皮或起鼓部分，在挖开后可用1：2（体积比）水泥砂浆进行修补。修补时应做好与基层及新旧部位的接缝处理。

（9）对于成片或大面积的起皮或起鼓屋面，则应铲除后返工重做，为保证返修后的工程质量，此时可采用"滚压法"抹压工艺。先以$\phi200mm$、长为700mm的钢管（内灌混凝土）制成压辊，在水泥砂浆找平层摊铺、刮平后，随即用压辊来回滚压，要求压实、压平，直到表面泛浆为止，最后用铁抹子赶光、压平。采用"滚压法"抹压工艺，必须使用半干硬性的水泥砂浆，且在滚压后适时地进行养护。

（10）找平层应设分格缝，分格缝宜设在板端处，其纵横的最大间距：水泥砂浆或细石混凝土找平层不宜大于6m（根据实际观察最好控制在5m以下）；沥青砂浆找平层不宜大于4m。水泥砂浆找平层分格缝的缝宽宜小于10mm，如分格缝兼作排汽屋面的排汽道时，可适当加宽为 20mm，并应与保温层相连通。

TB-044：屋面转角、立面和卷材接缝处粘结不牢

（一）通病现象

卷材铺贴后易在屋面转角、立面处出现脱空。而在卷材的搭接缝处，还常发生粘接不牢、张口、开缝等缺陷，如图 2-72、图 2-73 所示。

图 2-72　天沟处防水开口　　　　图 2-73　卷材搭接处粘接不牢

（二）原因分析

（1）设计构造考虑不周。

（2）保温层屋面采用水泥砂浆找平层时，基层处理和找圆角施工工艺差。

（3）卷材材性、柔韧性差。

（4）铺贴施工工艺差，

（5）成品保护差。

（三）预防治理措施

（1）基层必须做到平整、角处圆润、坚实、干净、干燥。

（2）涂刷基层处理剂，并要求做到均匀一致，无空白漏刷现象，但切勿反复涂刷。

（3）屋面转角处应按规定增加卷材附加层，并注意与原设计的卷材防水层相互搭接牢固，以适应不同方向的结构和温度变形。

（4）对于立面铺贴的卷材，应将卷材的收头固定于立墙的凹槽内，并用密封材料嵌填封严。

（5）卷材与卷材之间的搭接缝口，亦应用密封材料封严，宽度不应小于 10mm。密封材料应在缝口抹平，使其形成明显的沥青条带。

二、屋面防水层质量通病及防治措施

适用于风电工程升压站主控楼及各类辅助建筑屋面防水层质量通病防治。

TB-045：卷材防水层起鼓、裂缝

（一）通病现象

防水层出现沿预制屋面板端头裂缝、节点裂缝、不规则裂缝渗漏，如图 2-74、图 2-75 所示。

图 2-74　屋面防水卷材横向起鼓　　　图 2-75　屋面卷材防水层开裂

（二）原因分析

盲目使用延伸率低的卷材，板端头和节点细部没有做附加缓冲层和增强层，施工方法错误，如在铺贴卷材时拉得过紧。

（三）预防治理措施

（1）选用延伸率大、耐用、年限高的卷材。

（2）在预制屋面板端头缝处设缓冲层，干铺卷材条宽 300mm。铺卷材时不宜拉得太紧。夏天施工要放松后铺贴。

（3）在防水卷材已出现裂缝时，沿规则的裂缝弹线，用切割机切割。如基层没有留分格缝，则要切缝，缝宽 20mm，缝内嵌填柔性密封膏，面上沿缝空铺一条宽 200mm 的卷材条作缓冲层，再满粘一条 350mm 宽的卷材防水层，节点细部裂缝的处理方法同上。

TB-046：涂膜防水层开裂、脱皮、流淌、鼓包

（一）通病现象

涂膜防水出现开裂、脱皮、流淌、鼓泡等缺陷，如图 2-76、图 2-77 所示。

（二）原因分析

（1）未按要求设置找平层，或在涂膜防水施工前对基层处理不干净。

（2）防水材料进场复试未做或使用了不合格的材料。

（3）涂膜防水施工工序不合理，施工温度过高。

（4）涂膜防水施工完成后，没有进行防潮、防雨的措施。

（三）预防治理措施

（1）在保温层上必须设置细石混凝土（配筋）刚性找平层；同时在找平层上

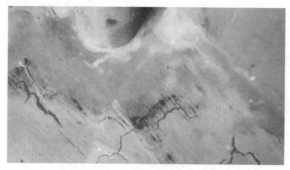

图 2-76　涂膜防水层鼓泡　　　　图 2-77　涂膜防水层开裂

按规定留设温度分格缝。对于装配式钢筋混凝土结构层，应在板缝内浇筑细石混凝土，并采取其他相应措施。找平层裂缝如大于 0.3mm 时，可先用密封材料嵌填密实，再用 10~20mm 宽聚酯毡作隔离条，最后涂刮 2mm 厚的涂料附加层。找平层裂缝如小于 0.3mm 时，也可按上述方法进行处理，但涂料附加层的厚度为 1mm。

（2）为防止涂膜防水层开裂，应找平层分格缝处，增设带胎体增强材料的空铺附加层，其宽度宜为 200~300mm；而在分格缝中间 70~100mm 范围内，胎体附加层的底部不应涂刷防水涂料，以便与基层脱开。

（3）涂料应分层、分遍进行施工，并按事先试验的材料用量与间隔时间进行涂布。若夏天气温在 30℃以上时，应尽量避开炎热的中午施工，最好安排在早晚（尤其是上半夜）温度较低的时间操作。

（4）涂料施工前应将基层表面清扫干净，沥青基涂料中如有沉淀物（沥青颗粒）要进行过滤。

（5）选择晴朗天气下操作，或可选用潮湿界面处理剂、基层处理剂或能在湿基面上固化的防水涂料，抑制涂膜中鼓泡的形成。

（6）基层表面局部不平，可用涂料掺入水泥砂浆中先行修补平整，待干燥后即可施工。铺贴胎体增强材料时，要边倒涂料、边推铺、边压实平整；铺贴最后一层胎体增强材料后面层至少应再涂刷两遍涂料。胎体应铺贴平整，松紧有度，铺贴前，应先将胎体布幅的两边开设一定数量的小口，以利排除空气，确保胎体铺贴平整。

（7）防水材料进场后应进行抽检复查，符合要求后方允许使用。

TB-047：水落口漏水

（一）通病现象

沿水落口周围漏水，有的水落口面高于防水层而积水，或因水落口小，堵塞而溢水，如图 2-78 所示。

（二）原因分析

（1）水落口杯安装的高度高于基层。

（2）水落口杯与结构层接触处没有堵嵌密实，横式穿墙水落口与墙体之间的空隙，没有用砂浆填嵌严实。

（3）没有做防水附加层或防水层没有延伸到水落口杯内一定距离，造成雨水沿水落口外侧与水泥砂浆的接缝处渗漏水。

图 2-78　屋面落水口漏水

（三）预防治理措施

（1）现浇天沟的直式水落口杯，要先安装在模板上，方可浇筑混凝土，沿杯边捣固密实。预制天沟，水落口杯安装好后要托好杯管周的底模板。用配合比为 1∶2∶2 的水泥、砂、细石子混凝土灌筑捣实，沿杯壁与天沟结合处上面留 20mm×20mm 的凹槽并嵌填密封材料，水落口杯顶面不应高于天沟找平层。

（2）水落口的附加卷材粘贴方法：裁一条宽大于或等于 250mm，长为水落口内径加 100mm 的卷材卷成圆筒，伸入水落口内 100mm 粘贴牢固，露出水落口外的卷材剪成 30mm 宽的小条外翻，粘贴在水落口外周围的平面上，再剪一块直径比水落口杯内径大 200mm 的卷材，居中按水落口杯内径剪成 m 字形，涂胶贴牢，将 m 字条向口内下插贴牢，然后再铺贴大面防水层。

TB-048：屋面渗漏

（一）通病现象

混凝土刚性屋面的渗漏有一定的规律性，容易发生的部位主要有山墙或女儿墙、檐口、屋面板板缝、烟囱或水落口穿过防水层处，如图 2-79、图 2-80 所示。

图 2-79　屋顶漏水污染墙面

图 2-80　屋顶漏水导致窗口起皮

（二）原因分析

（1）选材不当，防水层构造不合理。

（2）细部构造和卷材收头有问题。

（3）屋面基层不平，防水层表面积水，卷材发生腐烂。

（4）卷材铺粘方法不当。

（5）防水材料变质失效。

（三）预防治理措施

（1）采用装配式钢筋混凝土板作为屋面结构层时，在选择屋面板荷载级别时，应以结构板的刚度（而不以板的强度）作为主要依据。另外，为了保证细石混凝土灌缝质量，在板缝底部应吊木方或设置角钢作为底模。

（2）当屋面坡度大于或等于1：5时，宜将天沟板靠屋面板一侧的沟壁外侧改成斜面，构成合理的接缝。

（3）在女儿墙与防水层相交处，将分格缝做到女儿墙边，使泛水部分完全断开。另外可在分格缝两边的防水板块中，配置平等于女儿墙方向的 $2\phi6$ 或 $2\phi8$ 温度筋，以抵抗低温区的温度应力。

（4）在屋面设备基础与防水层相交的阴角处，其泛水宜做成圆弧形，并适当加厚。施工时应注意拍打密实，不留空隙。

（5）为确保屋面横式水落口处的防水质量，在设计时应选用定型钢制或铸铁的水落管。另外，水落管与防水层之间的接缝，应用密封材料嵌填。

（6）为防止因屋面温度应力较大而推裂屋面楼梯间的矮墙，可在矮墙与防水层之间设置膨胀缝，并嵌填密封材料。

（7）伸出屋面的管道，与刚性防水层相交处应留设缝隙，用密封材料嵌填，并应加设柔性防水附加层；收头处应固定密封。

（8）分格缝应设置合理，普通细石混凝土和补偿收缩混凝土防水层的分格缝宽度宜为20~25mm。分格缝中应嵌填密封材料，上部铺贴防水卷材。

（9）密封材料的技术性能应符合设计要求和国家或行业标准。施工时，应将分格缝两侧清洗干净并达到完全干燥状态，确保密封材料在和基面脱开情况下，与两侧混凝土粘结牢固，防水可靠。

TB-049：屋面积水、排水不畅

（一）通病现象

屋面雨水积存，坡度不够，落水口部位排水不畅，如图2-81、图2-82所示。

（二）原因分析

（1）屋面排水坡度不符合设计和规范要求，不能满足雨量排出能力。屋面保护层和防水卷材铺贴不平整，存在局部凹陷。

图 2-81　屋面雨落口出排水受阻　　　图 2-82　屋面中心位置存在积水

（2）雨水管口高于天沟或屋面集水处，或是雨水口长时间不清理，有被杂物堵塞现象。

（三）预防治理措施

（1）找平层施工前要做好技术交底，并根据水落口位置确定好排水走向，对屋面有设备的应考虑设备基础的周边区域的排水走向。测量和确定最高点标高和水落口的标高的控制点，并设置施工标志。

（2）从结构工程施工开始，施工中应严格控制水落口施工标高，防止水落口标高过高。

（3）屋面防水有保护层和铺贴面砖的，应做好坡度设计和施工的平整度。

（4）雨水口杂物及时清理，避免出现堵塞现象。

第五节　给排水工程

一、室内给排水工程质量通病及防治措施

适用于风电工程升压站主控楼及各类辅助建筑室内给排水工程质量通病防治。

TB-050：给水管道漏水

（一）通病现象

管道通水后，管件穿墙处或管道自身漏水，如图 2-83、图 2-84 所示。

（二）原因分析

（1）管道安装过程中，没有做原材检查，使用已损坏的管材。

（2）在管理接口安装中没有做好密封，存在漏水情况。

（3）整体给水管道安装完成后，没有做试压，未检验管道安装质量情况。

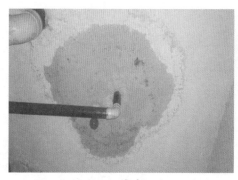

图 2-83　给水管穿顶板处漏水　　　图 2-84　卫生间给水管道接口漏水

（三）预防治理措施

（1）预埋套管。

（2）检查后使用未损坏的管材并做好成品保护，与土建施工工序做好协调配合。

（3）分段试压，即对暗装管道安装一段，试压一段。试压必须达到规范和生产厂家的要求。全部安装完成后，再整体试压一次。

TB-051：地下埋设排水管道漏水

（一）通病现象

排水管道渗漏处的地面、墙角缝隙部位返潮、渗水，如图 2-85、图 2-86 所示。

图 2-85　排水管接口处漏水　　　图 2-86　地埋式排水管道漏水导致
　　　　　　　　　　　　　　　　　　　　　　地埋塌陷

（二）原因分析

（1）管道铺设和安装后，未按设计和规范要求设置保护措施。

（2）管道接口处理未做好，存在漏水可能。

（3）冬季施工未做保温措施，管道（PVC-U 管）被冻裂。

（4）施工完成后，未按要求做管道闭水试验。

（三）预防治理措施

（1）管道支墩要牢靠，位置要合适，支墩基础过深时应分层回填土，回填时严防直接撞压管道。

（2）铸铁管段预制时，要认真做好接口养护，防止水泥接口活动。

（3）PVC-U 管下部的管沟底面应平整，无突出的尖硬物，并应做 10~15cm 的细砂或细土垫层。管道上部 10cm 应用细砂或细土覆盖，然后分层回填，人工夯实。

（4）冬季施工前应注意排除管道内的积水，防止管道内结冰。

（5）严格按照施工规范进行管道闭水试验，认真检查是否有渗漏现象。如果发现问题，应及时处理。

二、卫生器具安装工程质量通病及防治措施

适用于风电工程升压站主控楼及各类辅助建筑室内卫生器具安装工程质量通病防治。

TB-052：便器与排水管连接处或与地面接触处漏水

（一）通病现象

蹲便池和坐便器排水管处出现漏水现象，如图 2-87 所示。

图 2-87　卫生间蹲便池与地面接缝处渗水

（二）原因分析

（1）便器与排水管接口连接头损坏。

（2）排水管塞口高度不满足使用要求，低于便池安装高度。

（3）便池或便器与地面接触处没有打密封胶或密封不严实。

（三）预防治理措施

（1）安装大便器排水管时，甩口高度必须高出地面 10mm，坐标应准确。

（2）安装大便器时，铸铁排水管承口应选用大口径管或塑料管箍，以保证蹲便器插口插入的深度，大便器排出口应对准承口中心，四周的油泥应均匀、密实，

经检查合格后再进行隐蔽。

（3）大便器安装应稳固、牢靠，严禁出现松动或位移。

TB-053：卫生间器具安装不美观

（一）通病现象

盥洗池、便器、地漏等安装与地砖没有对称和居中，如图 2-88、图 2-89 所示。

图 2-88　卫生间蹲便池位置与地砖不对称

图 2-89　地漏没有考虑与地砖居中布置

（二）通病原因

盥洗池安装与墙面墙砖不对称或歪斜，地漏与地面砖不居中，便池与地砖之间没有考虑对称布置。

（三）预防治理措施

（1）在涉及卫生器具施工处，要提前做好设计和策划，考虑器具与地砖的对称与合理布置。

（2）卫生器具在安装过程中，要进行放样和测量，考虑卫生器具与空间的适配性，做好与空间格局的良好搭配。

TB-054：卫生器具有异味

（一）通病现象

便池、地漏、盥洗池等器具在使用中出现的异味，下水管未采用"乙"字弯管，如图 2-90 所示。

（二）原因分析

（1）安装地漏时，未采用防臭地漏及安装方式，盥洗池安装后，下水管未采用"乙"字弯管，阻断下水管气体上反。便池器具未采用防臭器具和措施。

图 2-90　盥洗池未安装"乙"字弯管

（2）下水管存在漏水、漏气情况。

（三）预防治理措施

（1）卫生器具安装必须严格按照设计规范施工，合理选用具有防臭功能的器具，下水管安装时，连接卫生器具的管道必须设置"乙"字弯等防下水气体上反的措施。

（2）使用过程中，注意做好维护和检查，发现下水有漏水、漏气情况时，及时修理。

第六节　通风与空调工程

一、室内采暖工程质量通病及防治措施

适用于风电工程升压站主控楼及各类辅助建筑室内采暖工程质量通病防治。

TB-055：电采暖器安装不稳固

（一）通病现象

风电场内采用挂壁式电采暖散热器与墙体的固定不牢固，出现掉落、歪斜等问题，如图 2-91 所示。

图 2-91　挂壁式电采暖器安装歪斜

（二）原因分析

（1）电采暖散热器托钩和拉杆与墙体埋设不牢固。在墙体砌筑时，没有考虑采用实心材料埋设托钩和拉杆。

（2）托钩安装尺寸存在偏差，与散热器不吻合。

（三）预防治理措施

（1）轻质墙体和空心墙体，应在散热器托钩部位砌筑实心材料，托钩和拉杆埋设后，须经 24h 养护才能挂装散热器。

（2）托钩安装前，应对托钩进行整形，与散热器颈部相吻合。

（3）落地安装的散热器，当地面不平和散热器支腿不平时，不得使用木垫，应使用铅垫。

TB-056：空调管穿墙处漏水

（一）通病现象

空调穿墙套管处没有封堵，出现雨水渗漏，如图2-92所示。

（二）原因分析

墙体穿管后，没有做防水封堵，或防水封堵开裂和脱落。

（三）预防治理措施

（1）在安装空调打孔时，需将打好的孔进行修补处理，保证孔洞棱边完整。

图2-92　空调穿墙孔处没有封堵

（2）在管线安装好后，需采用封堵材料及时封堵，孔洞封堵要严实，外墙处孔洞除封堵外，可采用防水胶再次密封。

二、通风空调安装工程质量通病及防治措施

适用于风电工程升压站建筑室内通风、空调安装工程质量通病防治。

TB-057：风管安装不平、不直、漏风

（一）通病现象

风管安装不平、不直、漏风，如图2-93所示。

图2-93　通风管道安装歪扭不直

（二）原因分析

（1）各风管支架、吊卡位置标高不一致，间距不相等，受力不均匀。风管因自重影响，安装后产生弯曲。

（2）圆形风管同心度差，矩形风管法兰对角线不相等。

（3）法兰与风管中心线不垂直。

（4）法兰互换性差，法兰平整度差，螺栓间距大，螺栓松紧度不一致，法兰垫料薄，接口有缝隙，法兰管口翻边宽度小。

（5）风管咬口开裂，室外安装风管咬口缝漏雨。

（三）预防治理措施

（1）按质量标准调整风管支架和吊卡位置、标高，加长吊杆丝扣长度，使托吊架受力均匀。

（2）用法兰与风管翻边宽度调整圆形风管的同心度；调整或更换矩形法兰，使其对角线相等，控制风管表面平整度。

（3）法兰与风管垂直度偏差小时，可加厚法兰垫控制法兰螺栓松紧度；偏差大时，则需要对法兰重新找正铆接。

（4）增加法兰螺栓孔数量，螺栓孔扩大 1~2mm。

（5）加厚法兰垫以调整螺栓松紧度，弹性小的垫料可做成整体或做成45°对接，并用密封胶粘接，弹性大的垫料可搭接。

（6）风管与法兰周围缝隙用密封胶封闭。

（7）咬口开裂处用铆钉铆接再用密封胶封闭。

（8）室外风管安装咬口缝在底部。圆形弯头为单立口时，双口在上、单口在下。

第七节　建筑电气与防雷接地工程

一、建筑电气、防雷接地工程质量通病及防治措施

适用于风电工程升压站建筑电气、防雷接地工程质量通病防治。

TB-058：接地装置施工缺陷

（一）通病现象

接地装置埋设深度、长度不足，垂直接地体与水平接地体搭接倍数或焊缝面和长度达不到要求，焊缝处防腐不好，如图 2-94、图 2-95 所示。

 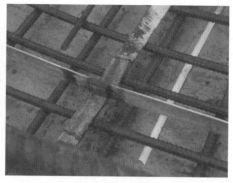

图 2-94　接地扁钢搭接焊接不规范　　图 2-95　风机基础接地扁钢搭接处未做防腐措施

（二）原因分析

（1）接地体埋设深度达不到设计和规范要求，施工过程埋设较浅，接地扁铁与扁铁、扁铁与圆钢焊接长度在施工时，没有考虑搭接长度，不满足规范要求。

（2）接地体间焊接后，没有及时清理焊渣，涂刷防腐材料。

（三）预防治理措施

（1）接地装置沟、槽、坑开挖后应对深度、长度进行现场复检，进行实测实量和填写记录。

（2）垂直接地体与水平接地体连接，应该按照规范要求施工，扁铁与扁铁焊接搭接长度不少于 2 倍的扁铁宽度，并保证不少于 3 面焊接。扁铁与圆钢搭接焊接长度不少于 6 倍的圆钢直径。

（3）接地施工完成后，必须进行专项隐蔽验收，检测电阻值，检查表面防腐情况，保存相应验收资料。

二、灯具开关面板安装工程质量通病及防治措施

适用于风电工程升压站主控楼及各类辅助建筑室内灯具、开关、面板安装工程质量通病防治。

TB-059：开关、插座的盒和面板的安装不规范、不美观

（一）通病现象

开关、插座的盒和面板的安装时，线盒预埋太深，距离、标高不一；面板与墙体间有缝隙，面板有胶漆污染，不平直；线盒留有砂浆杂物，如图 2-96 所示。

（二）原因分析

（1）预埋线盒时没有牢靠固定，安装时坐标不准确。

（2）施工人员责任心不强，对电器的使用安全重要性认识不足，贪图方便。

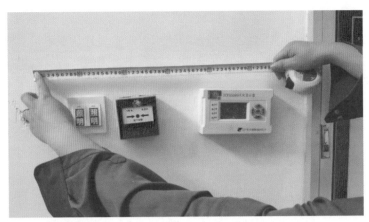

图 2-96 灯具及空调开关安装高度不一致

（三）预防治理措施

（1）与土建专业密切配合，准确牢靠固定线盒；安装面板时要横平竖直，应用水平仪调校水平，保证安装高度的统一。另外，安装面板后要饱满补缝，不允许留有缝隙，做好面板的清洁保护。

（2）加强管理监督，开关、插座接线前，先清理干净盒内的砂浆。

（3）按《建筑电气工程施工质量验收规范》（GB 50303）要求，开关安装位置便于操作，开关边缘距门框边缘 0.15~0.2m，开关距地面高度 1.3m。

（4）当预埋的线盒过深时，应加装一个线盒。

（5）面板污染、接线盒内留有砂浆予以清理。

TB-060：开关、插座的导线线头裸露，固定不牢，线路串接

（一）通病现象

开关、插座的相线、零线、PE 保护线有串接现象；开关、插座的导线线头裸露，固定螺栓松动，盒内导线余量不足，如图 2-97 所示。

图 2-97 开关连接线安装不牢固、脱落

（二）原因分析

（1）施工人员责任心不强，对电器的使用安全重要性认识不足，贪图方便。

（2）部分接线盒选用过小，布置不开，存在不合理的节省材料思想。

（三）预防治理措施

（1）加强管理与监督，确保开关、插座中的相线、零线、PE 保护线不能串接。

（2）剥线时固定尺寸，保证线头整齐统一，安装后线头不裸露。

（3）为了牢固压紧导线，单芯线在插入线孔时应拗成双股，用螺栓顶紧、拧紧。

（4）开关、插座盒内的导线应留有一定的余量，一般以 100~150mm 为宜。

TB-061：灯位安装偏位、不牢固

（一）通病现象

灯位安装偏位，不在中心点上，成排灯具的水平度、直线度偏差较大，如图 2-98、图 2-99 所示。

 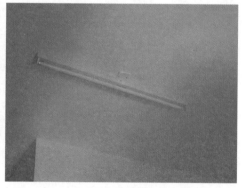

图2-98　吊杆灯具安装两端水平度不一致　　　图 2-99　灯具安装位置偏离接线口

（二）原因分析

（1）预埋灯盒时位置不对，有偏差，安装灯具时没有采取补救措施。

（2）施工人员责任心不强，对现行的施工及验收规范、质量检验评定标准不熟悉。

（3）灯具安装未拉线定位，定位不准确。

（三）预防治理措施

（1）安装灯具前，应认真找准中心点，及时纠正偏差。

（2）按规范要求，成排灯具安装的偏差不应大于 5mm，因此，在施工中需要拉线定位，使灯具在纵向、横向、斜向均为一直线。

第八节 站内道路、沟道及其他附属工程

一、站内道路、沟道工程质量通病及防治措施

适用于风电工程升压站道路、沟道工程质量通病防治。

TB-062：电缆沟道排水坡道不符合要求

（一）通病现象

升压站内电缆沟积水，排水不畅和渗漏，如图 2-100 所示。

图 2-100　电缆沟积水

（二）原因分析

（1）电缆沟底板施工时，没有进行坡度计算或按照设计坡度进行找坡。

（2）电缆沟伸缩缝没有采用密封措施进行封堵或封堵质量不符合要求。

（3）电缆沟积水处，未设置专门的集水坑和向外排水管道或设置的向外排水管道标高高于沟道底板标杆，无法实现外排水功能。

（三）预防治理措施

（1）电缆沟施工时，提前采用水准仪将标杆及坡度按设计要求进行确定并进行现场标注。按照标注的标高尺寸，进行电缆沟底板模板安装，注意模板安装过程的标高复测和校准。

（2）进行浇筑电缆沟底板混凝土时，按照模板底板安装的标高位置进行找坡。

（3）在电缆沟沟底标高最低处设置集水坑和外排水管道，并保证施工质量及坡度满足要求。当站内无综合排水管网时，须定期对电缆沟内集水坑进行抽水。

TB-063：电缆沟压顶和盖板裂缝，盖板响动

（一）通病现象

升压站内电缆沟压顶和盖板间存在裂缝，盖板响动，如图 2-101 所示。

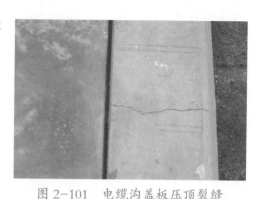

（二）原因分析

（1）电缆沟压顶和盖板混凝土强度不足，养护不到位。

（2）砖砌沟壁未加临时支撑。

（3）未合理设置变形缝。

（4）压顶止口纵向平整度超标。

（三）预防治理措施

图 2-101　电缆沟盖板压顶裂缝

（1）加强压顶和盖板的混凝土养护。

（2）沟壁砌完砖后直至盖板安装期间，须在沟内两边沟壁加临时支撑。

（3）根据实际情况合理留设变形缝，胀缝要贯通，并及时用柔性材料填缝。

（4）压顶止口纵向平整度控制在允许偏差范围内。

TB-064：站内道路开裂、面层不平整

（一）通病现象

站内混凝土道路路面开裂，胀缝和缩缝设置不合理，面层平整度和坡度不符合设计要求，收光质量差，电缆沟过道路部分高出路面和不美观，如图 2-102、图 2-103 所示。

图 2-102　过电缆沟路面与电缆沟　　　　图 2-103　道路施工缝设置不合理
　　　　　　交叉不合理　　　　　　　　　　　　　　且不美观

（二）原因分析

（1）站内道路路基存在回填土路段，密实度不符合设计要求或压实不均衡。

（2）冬季施工时，未对路基采取保温措施，出现路基土冻结情况。

（3）道路混凝土浇筑时，水胶比、坍落度不符合设计要求。面层未按要求压实抹光。

（4）混凝土完成浇筑后，没有及时地进行养护、保温（冬季时）和成品保护，造成温度裂缝和意外破损。

（5）道路混凝土施工缝留置间距较大，不能满足混凝土面层由于温度影响的伸缩要求；或浇筑后缩缝切割深度较浅，没有达到设计要求。

（6）过道路电缆沟与道路部分没有统一策划，施工标高和施工缝设置不合理。

（三）预防治理措施

（1）道路路基回填时，需对回填土进行取样，对密实度进行检测，并选择合理的回填土碾压机械，保证回填土的密实性。

（2）遇冬季施工时，需对路基进行覆盖保温，防止出现冻土。

（3）按设计要求，合理配置混凝土水胶比，搅拌后混凝土在浇筑前进行坍落度检测，坍落度不宜过大，防止混凝土出现离析。浇筑过程中注意混凝土振捣均匀密实。

（4）混凝土浇筑完成后，及时进行压实抹面，根据混凝土初凝时间，逐步压实抹光，并采取塑料布覆盖进行养护，冬季施工时需增加加温防冻措施，保障混凝土养护温度不低于5℃；夏季较热时，需根据温度记录进行浇水养护，防止出现不规则裂缝。

（5）待混凝土具备一定强度后，进行缩缝切割，缩缝布置间距不宜太长或太短，一般为4~5m。缩缝切割深度不宜太浅，一般不低于混凝土道路厚度的1/3。

（6）若存在道路过电缆沟路段时，需综合考虑和统一策划，尽量降低电缆沟整体标高，预留出道路混凝土施工的厚度。在过电缆沟部分的道路混凝土施工时，要沿电缆沟宽度两侧设置施工缝，防止不均匀沉降造成的道路裂缝。

二、站内其他工程质量通病及防治措施

TB-065：雨水污染墙面

（一）通病现象

（1）雨水顺外窗框下部缝隙流入室内，污染墙面，如图2-104所示。

（2）外墙有阻断滴水要求的部位未设置滴水槽（线）或设置不到位，造成外墙雨水污染。

（二）原因分析

（1）建筑外墙窗户质量不满足要求或窗框拼接部位没有打密封胶引起的渗漏。

图 2-104 雨水渗入室内污染墙面

（2）工序倒置，外墙装饰面砖先行铺贴，但窗框下口尚未做填缝；此类情况再对窗框周边进行堵缝，很难将窗缝填补严密饱满，容易造成渗漏。

（3）未按照要求在窗上沿设置滴水线，雨水顺墙面向下倒流进入窗楣内或流到玻璃上的，如窗边缝隙未填堵严实，或窗扇间未密封，雨水会流入室内。

（4）施工后外窗台高于内窗台，雨水不能向外排水，会引起窗台积水，从而流入室内。

（5）窗户未设置或者开孔数量不足、孔径偏小等，极易堵塞，造成槽内积水。尤其是推拉窗槽内积水不能顺畅排出时，在风压作用下，将雨水吹入室内。

（6）外墙突出墙面部门（如窗套、压顶、腰线等）未做滴水槽或滴水槽未做断水处理。

（7）压顶流水坡度设置不当。

（三）预防治理措施

（1）安装前对进场窗户的抗风压性能、空气渗透性能和雨水渗漏性能等三性进行送检试验，质量满足要求后方允许安装。

（2）严格按照施工工艺顺序进行施工，塞缝、打发泡剂。采用发泡剂进行门窗框周边塞缝。对窗框拼接部位的间隙清理干净后采用中性硅酮密封胶密封。

（3）窗台上部应做滴水线，滴水线的施工与墙体抹灰同时施工，突出墙面至少 10mm，要求做到整齐、顺直，且窗楣应向外放坡，坡度不小于 5%。

（4）窗台内侧要比外侧最高点高 20mm，外侧窗台向外放坡，坡度宜为 5%~8%。

（5）窗固定扇、开启扇中横料和下框，推拉门下槛设置排水孔，排水孔的大小和数量应根据门窗分格、开启扇的大小确定，并应符合设计要求和满足排水要求。推拉门窗下槛相邻轨道上的排水孔应错开设置。安装时应检查排水孔有无砂浆等杂物堵塞，确保排水顺畅。

（6）用于连接、固定门窗框的紧固螺丝孔，在拧丝前应注密封胶，并保证拧丝后胶满溢出。

（7）外墙装饰线凡突出墙面60mm以内者（如窗套、压顶、腰线等），上面应做流水坡度，下面做滴水线，窗楣部分必须做滴水槽；凡突出60mm以上者（挑檐、雨篷等），上面应做流水坡度，下面做滴水槽，且两端应留出30mm，做断水处理。滴水线（槽）应整齐顺直，滴水线要求内高外低，滴水槽的宽度和深度均不应小于10mm。

（8）压顶流水坡度方向应指向屋面。

TB-066：台阶、坡道、散水质量缺陷

（一）通病现象

台阶、坡道和散水开裂和沉陷，如图2-105、图2-106所示。

图2-105 散水下沉断裂　　　　　图2-106 散水裂缝

（二）原因分析

（1）台阶、坡道和散水与主体结构间没有设置施工缝，散水施工长度方向未设置伸缩缝，容易造成不规则裂缝。

（2）在台阶、坡道和散水施工前，基层多为回填土且未按要求施工，回填土密实度达不到规范要求，在遇到雨水后，会逐步下沉，造成上部的台阶、坡道和散水塌陷。

（三）预防治理措施

（1）主体结构周边回填土，必须按照规范要求分层回填压实，密实度达到要求。

（2）砌筑或混凝土台阶、坡道和散水施工时，必须与主体结构间留置施工缝。散水施工时，一般3~4m长度内设置一道伸缩缝，伸缩缝宜采取预先留置，不宜施工后采取切割缝。

TB-067：二次灌浆不密实

（一）通病现象

二次灌浆不密实，多为设备基础。

（二）原因分析

（1）浇灌前未对结合面清理和湿润，且灌浆前无书面通知。

（2）所用灌浆配合比不符合灌浆要求。

（3）二次灌浆完后结构拆模不当，拆模后未经养护和保护。

（三）预防治理措施

（1）工序验收合格，接到书面通知后方可进行二次灌浆。

（2）基层打毛、清理，用清水冲洗干净。

（3）严格按试验室的配合比搅拌混凝土，尽可能使用机械手段捣固。

（4）灌浆碎石粒径，应小于灌浆缝隙的 2/3，面积在 250mm×250mm 以上铁件下灌浆，铁件表面应有排除灌浆空气措施，防止铁件下部有空隙。

（5）柱接头二次灌浆，浇灌混凝土应制作专门漏斗，漏斗下料之间的死角不得大于 200mm，防止捣固不严。

（6）已灌浆完的结构拆模，其侧面模板应在 30% 的强度后进行。拆除承重底模必须在 90% 强度后进行，拆模后宜包草袋，以利养护与保护。

（7）拆模后二次灌浆表面应进行修整，消除其麻面和台阶等缺陷。缺陷消除后，表面采用抹水泥砂浆压光的办法，保证其质量。

（8）具有外表装饰作用的二次灌浆表面，当平整度和转角的垂直度不足时，应全部刨除重新补抹水泥砂浆并压光。

（9）转动机械部位的二次灌浆，必须达到 95% 设计强度后才能启动。

（10）所有的二次灌浆，根据气温和气候条件，采取浇水或保温养护措施，养护时间不低于 7d。

第三章 电气安装工程

在风电项目建设过程中，电气设备的安装质量直接影响到风电场运行的稳定性，可见电气安装工程质量控制尤为重要，但是在风电场运行中发现许多常见的质量通病，如充油设备渗漏、油样化验超标、电缆下坠、设备未接地或接地阻值超标、设备锈蚀严重等问题，问题看似虽小，却易引发跳闸、设备停运等故障，影响风场正常运行，因此要加强电气设备安装质量通病防治工作。

本章共八节，包含主变压器安装、高压电气安装、母线安装、电缆施工、接地安装、盘柜及二次回路接线施工、无功补偿装置安装以及站内其他辅助电气设施安装，共计 52 条质量通病及防治措施案例。

对于这些质量通病，在施工中如果给予足够重视，是完全可以避免的。在工程前期准备工作中要提前做好设备的选型和订货工作，在合同及技术规范书中对工程中常见的质量通病应补充明确的标准。同时加强专业间的配合和协调，提前与设计进行沟通，进行设计图纸交底和全面的图纸审查，尽可能把因设计导致的质量通病解决在施工前，减少施工中、施工后的二次设计和设计变更。施工过程中需强化对到货设备、材料的检查验收，采用先进合理规范的施工方案，加强技术交底，严格电气安装工程的检查验收工作。从管理、技术、组织等多方面展开通病治理，加强管理人员的责任心，提高施工人员的技术水平，从而在根本上防治质量通病，保证工程质量。

第一节 主变压器系统设备安装

适用于风电工程变压器安装（含风机部位箱式变压器）工程质量通病防治。

TB-068：变压器装卸运输过程受到冲击

（一）通病现象

变压器装卸及运输过程受到严重冲击或振动，冲击值超出制造厂及规范要求。

（二）原因分析

（1）变压器装卸及运输前未对运输路径及装卸条件做充分调查，未制定安全技术措施。

（2）公路运输过程中车速超标。

（3）未装设三维冲击记录仪及时监测。

（4）设备到场后检查验收不细致。

（三）预防治理措施

（1）变压器在陆路及水路运输时需对运输条件及装卸条件进行评估，对水上及水下障碍物分布、潮汛情况以及沿途桥梁尺寸进行勘察。了解船舶运载能力与结构，验算载重时船舶的稳定性。调查码头承重能力及起重能力，必要时应进行验算或荷重试验；陆地运输时要了解道路及其沿途桥梁、涵洞、沟道等的结构、宽度、坡度、倾斜度、转角及承重情况，必要时应采取措施。

（2）公路运输车速应符合制造厂规定，当制造厂无规定时，高等级路面车速控制在 20km/h 以下，一级路面控制在 15km/h 以下，二级路面不得超过 10km/h，其余路面不得超过 5km/h。

（3）电压在 220kV 及以上且容量在 150MVA 及以上的变压器，应装设三维冲击记录仪实时监测冲击值。

（4）设备到场后应检查装卸及运输过程中受到的冲击情况，并应记录冲击值，保留冲击记录原始资料，办理交接签证手续。

TB-069：变压器底基础预埋件偏心

（一）通病现象

变压器基础预埋件中心位移误差较大。

（二）原因分析

（1）设备厂家提供资料后设计人员未认真核对，导致图纸设计存在误差。

（2）基础预埋件在埋设时控制精度不够，未满足规范要求。

（三）预防治理措施

（1）基础预埋件埋设时电气专业人员提前介入，测量预埋件位置尺寸并核对是否与电气图纸及设备尺寸相符。

（2）主变压器基础浇筑前，电气专业人员应对基础中心线、标高等进行核查；基础施工完毕后应进行复核。满足《电气装置安装工程 质量检验及评定规程 第 3 部分：电力变压器、油浸电抗器、互感器施工质量检验》（DL/T 5161.3）额定容量为 1600kVA 以上油浸式变压器基础水平误差需小于 5mm，轨道间距误差需小于 5mm 的要求。

（3）预埋件应埋设牢固并符合设计要求。

TB-070：变压器本体接地不规范

（一）通病现象

变压器本体未直接接地，未使用变压器接地端子，存在通过基础预埋件与基础底座焊接接地现象或接地扁钢与底座直接焊接现象，如图 3-1 所示。

（二）原因分析

（1）现场施工人员不熟悉规范要求或未按规范要求施工。

（2）现场施工监督检查过程缺失，发现问题未及时进行处理。

（三）预防治理措施

（1）接地引线与设备本体采用螺栓连接，搭接面要保持紧密，接地体连接可靠。

（2）变压器本体需两点接地，分别与主接地网的不同干线相连。

图 3-1 未使用设备接地端子接地

TB-071：主变压器铁芯、夹件接地不规范

（一）通病现象

主变压器铁芯、夹件未直接接地，接地未与本体绝缘，未设断接卡，不便于接地电流监测，如图 3-2 所示。

图 3-2 铁芯、夹件未直接接地

（二）原因分析

（1）现场施工人员不熟悉《国家电网公司十八项电网重大反事故措施》要求或未按反措要求施工。

（2）现场施工监督检查过程缺失，未能及时发现问题。

（三）预防治理措施

（1）铁芯、夹件通过小套管引出接地的变压器，应将接地引线引至适当位置，以便在运行中监测接地线中是否有环流。

（2）铁芯、夹件通过小套管的接地，应分别接入主接地网并与变压器本体保持绝缘。

TB-072：变压器法兰连接面等处出现渗油

（一）通病现象

变压器法兰连接面、油管接头、阀门等安装完后或在运行过程中出现渗油现象，如图 3-3 所示。

图 3-3 主变压器本体法兰连接面渗油

（二）原因分析

（1）各部件密封处理不当，密封垫圈摆放不正或垫圈失效，导致密封不严密。

（2）抽真空整体密封试验不细致，存在漏点。

（3）法兰面、阀门螺栓紧固不到位。

（4）变压器短路、过载等引发的渗油、漏油。

（三）预防治理措施

（1）法兰密封面、密封槽均应清理干净，检查密封胶条质量，安装过程不能造成密封胶条错位，如图3-4所示。

（2）采用尺寸配合合适的耐油密封垫圈，密封垫圈应无扭曲、变形、裂纹、毛刺，且与法兰面密封相配合。

（3）使用力矩扳手对角线方向拧紧法兰螺栓，橡胶密封垫圈的压缩量不宜超过其厚度的1/3，力矩值应符合产品技术文件要求。

图3-4　主变压器本体法兰面密封胶条安装

（4）附件安装完毕后对主变压器进行密封试验。试验压力0.03MPa压力，24h不应渗漏。

（5）运行过程中出现渗油、漏油现象，要及时查找原因和进行处理，并持续观察。

TB-073：变压器受潮

（一）通病现象

变压器在运输保管过程不规范、变压器吸湿器内硅胶失效、油封处于最低油位、法兰连接面密封不严，导致变压器油受潮，变压器内设备绝缘性能降低，如图3-5、图3-6所示。

图3-5　吸湿器内硅胶失效

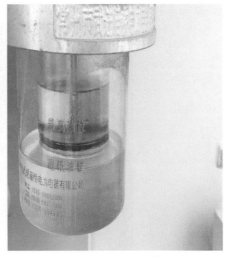

图3-6　油封已低于最低油位

（二）原因分析

（1）变压器在运输途中未采取防雨及防潮措施，充干燥气体变压器压力值不正常。

（2）到场变压器及附件保管不规范。

（3）吸湿器内硅胶失效，未及时进行更换或干燥处理。

（4）呼吸器油封油位达到油面最低油位线未及时补充。

（5）吸湿器与储油柜连接管的密封不严密。

（三）预防治理措施

（1）充干燥气体运输的变压器应有压力监视和可随时补气的纯净、干燥气体瓶，气体压力应为保持在 0.01~0.03MPa，现场保管需每日记录压力值。干燥气体露点必须低于 –40℃。变压器在运输过程中必须采取防雨及防潮措施。

（2）现场附件如散热器、连通管、安全通道等应密封。表计、风扇、潜油泵、气体继电器、测温装置等应放置于干燥的室内。存放充油或充干燥气体的套管式电流互感器应采取防护措施，防止内部绝缘件受潮。本体、冷却装置等，其底部应垫高、垫平，不得水浸。

（3）运行过程要保证吸湿剂干燥，对受潮的吸湿剂进行干燥处理或及时更换。

（4）呼吸器油封油位应在油面上。

（5）验收时检查变压器吸湿器与储油柜的连接管是否严密。

TB-074：变压器气体继电器安装不规范

（一）通病现象

气体继电器在安装过程中存在未经校验、无防潮及防进水措施、连接密封不严、观察板未打开、进线口封堵不严等现象，如图 3-7 所示。

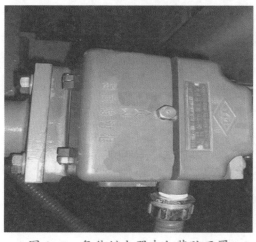

图 3-7　气体继电器未加装防雨罩

（二）原因分析

（1）现场安装人员对气体继电器安装不熟悉。

（2）未对设备厂家指导人员进行规范性约束。

（三）预防治理措施

（1）气体继电器安装前应检验合格，动作整定值符合定值要求。

（2）气体继电器应具备防潮和防进水的功能，加装防雨罩。

（3）气体继电器应水平安装，顶盖上箭头标志应指向储油柜，连接密封严密。另外在变压器就位时要注意装有气体继电器的变压器，除制造厂规定不需设置安装坡度外，应使其顶盖沿气体继电器气流方向有1%～1.5%的升高坡度。

（4）集气盒内应充满绝缘油且密封严密。

（5）气体继电器观察窗的挡板应处于打开位置。

（6）电缆引线在进入气体继电器处应有滴水弯，进线孔封堵应严密。

TB-075：变压器测温装置测量出现偏差

（一）通病现象

变压器测温装置安装过程未严格按照规范要求进行，导致温度测量存在偏差。

（二）原因分析

（1）测温装置在安装前未及时送检，未按规范要求进行安装。

（2）膨胀式信号温度计金属软管安装时受到挤压及扭曲。

（3）温度计底座缺少绝缘油或出现渗油。

（三）预防治理措施

（1）变压器测温装置的安装需满足《电气装置安装工程 电力变压器、油浸电抗器、互感器施工及验收规范》（GB 50148）要求。

（2）温度计安装前应进行校验送检，信号结点应动作正确，导通应良好。

（3）温度计应按照制造厂的规定进行整定。

（4）顶盖上的温度计座应严密无渗油现象，温度计座内应注以绝缘油。

（5）膨胀式信号温度计金属软管不得压扁及扭曲，其弯曲半径不得小于50mm。

TB-076：变压器冷却装置安装不规范

（一）通病现象

变压器散热装置在安装过程中有磕碰损失现象、冷却装置与本体连接不严密、密封试验未按规范要求进行等，导致安装完毕后出现渗油、漏油现象，如图3-8、图3-9所示。

图 3-8　散热器片法兰面有渗油　图 3-9　散热器法兰连接面有渗油

（二）原因分析

（1）散热器身在运输及现场保管时受到外力磕碰损伤。

（2）未进行冷却装置密封试验，安装后出现渗油现象。

（3）散热器与主变压器本体法兰连接面密封不严。

（三）预防治理措施

（1）加强到场验收环节控制，对变压器散热装置进行重点检查，查看运输过程是否遭受外力冲击，充油运输散热装置查看是否漏油。

（2）冷却装置在安装前应按照制造厂规定的压力值进行密封试验，冷却器、强迫油循环冷却器应持续 30min 无渗漏。强迫油循环水冷却器应持续 1h 无渗漏，水、油系统应分别检查渗漏。

（3）现场保管要注意散热装置存放位置，存放地应平整、干燥且不易受到磕碰。

（4）对冷却装置法兰连接面密封部件进行检查，对胶垫密封法兰进行重点检查，胶垫压力变形是否均匀一致。

TB-077：变压器油注油后油化验不合格

（一）通病现象

变压器注油后，油质化验水分超标、色谱分析不正常。

（二）原因分析

（1）绝缘油运输过程气密性遭到破坏，导致绝缘油微水含量超标

（2）注油前，运输到场油未送检，直接注入变压器。

（3）不同牌号绝缘油或同牌号新旧油混用，未做混油试验。

（4）真空注油操作不规范。

（5）变压器在进行耐压、局放试验时、冲击试验导致烃类超标。

（6）变压器内部故障，如分接开关接触不良，引线夹件螺栓松动或接头焊接不良，涡流引起铜过热，铁芯漏磁，局部短路和层间绝缘不良，铁芯多点接地等原因造成。

（三）预防治理措施

（1）准备注入变压器新油必须按照现行《电气装置安装工程 电气设备交接试验标准》（GB 50150）的规定，进行油样的简化分析，简化分析各项目合格后方可进行注油工作，若有不合格项则必须进行油循环处理，直到油试验合格后方可注油方可注入变压器。

（2）不同牌号的绝缘油或同牌号的新油与运行过的油混合使用前，必须做混油试验。新安装的变压器不宜使用混合油。

（3）变压器真空注油工作不宜在雨天和雾天进行。220kV 及以上的变压器应进行真空处理，当油箱真空度达到 200Pa 以下时，应关闭真空机组出口阀门，测量系统泄漏率，测量时间 30min，泄漏率符合产品技术文件要求。220~500kV 真空度不应大于 133Pa。用真空计测量油箱内真空度，当真空度小于规定值时开始计时，220~300kV 真空保持时间不得小于 8h。

（4）电压等级在 66kV 及以上的变压器按照《电气装置安装工程 电气设备交接试验标准》（GB 50150）要求应在注油静置后、耐压和局部放电试验 24h 后、冲击合闸及额定电压下运行 24h 后，各进行一次变压器器身内绝缘油的油中溶解气体的色谱分析。试验应按《变压器油中溶解气体分析和判断导则》（DL/T 722）进行。

（5）运行过程加强油务监督，缩短检测周期，根据变压器故障的发展情况，来确定检测周期，对变压器气体增长速度快的进行严密监视，确保定期对油中溶解气体的分析。

第二节　高压电气设备安装

适用于风电工程升压站户外开关设备、户内 GIS 设备安装质量通病防治。

TB-078：GIS 设备法兰盘连接无跨接接地

（一）通病现象

组合电器的外套筒法兰连接处无跨接接地，导致设备接地不良，如图 3-10 所示。

图 3-10   法兰盘连接处无跨接接地

（二）原因分析

（1）出厂设备无跨接接地条，现场开箱时未检查落实。

（2）厂家指导安装时疏忽大意，未安装。

（3）现场检查验收过程未能及时发现问题。

（三）预防治理措施

（1）开箱验收时应检查落实厂家是否配备。

（2）采购时技术规范书中应明确相关要求。满足《电气装置安装工程 接地装置施工及验收规范》（GB 50169）要求，全封闭组合电器的外壳应按制造厂规定接地；法兰片间应采用跨接线连接，并应保证良好的电气通路。

TB-079：GIS 母线筒内壁不平整、光滑

（一）通病现象

由于母线筒内壁不平整，存在毛刺，易造成局部放电，影响安全运行。

（二）原因分析

厂家生产工艺差，内壁涂漆、防腐处理不认真，导致母线筒内壁不平整，存在毛刺。

（三）预防治理措施

（1）加强设备监造，监造过程对母线筒制作工艺重点关注。

（2）母线桶安装时，应检查表面有无生锈，氧化物、划痕及凹陷不平的情况，发现问题后及时联系厂家进行处理。

（3）安装时现场要采取防尘、防潮的措施。

TB-080：GIS 汇控柜接地不规范

（一）通病现象

GIS 汇控柜未设置单独接地，通过与 GIS 底座串联接地，设备接地可靠性差。

（二）原因分析

（1）施工方案中未对相关内容进行要求，技术交底时未明确相关要求。

（2）现场监督检查人员未能及时发现问题。

（三）预防治理措施

（1）施工时要满足《电气装置安装工程 接地装置施工及验收规范》（GB 50169）要求，每个电气装置的接地应以单独的接地线与接地汇流排或接地干线相连接，严禁在一个接地线中串接几个需要接地的电气装置。

（2）现场施工方案应增加相关内容要求，交底时明确要求。

（3）检查验收过程中对此类问题重点关注，避免此类问题发生。

TB-081：电气设备开口销开口角度不足

（一）通病现象

电气设备连接部件传动杆开口销角度小于 60°，操作过程容易导致开口销脱落，导致传动失效，如图 3-11 所示。

（二）原因分析

（1）现场安装人员未按规范要求进行施工。

（2）检查验收过程不细致，未能发现相关问题。

（三）预防治理措施

（1）电气设备连接部件开口销的开口角度不得小于 60°。

（2）强化监督检查验收过程，及时发现并消除相关缺陷。

图 3-11　电气设备连接部件开口销角度小于 60°

TB-082：隔离开关垂直连杆接地不规范

（一）通病现象

隔离开关垂直连杆接地不可靠或未接地，存在安全隐患。

（二）原因分析

（1）施工过程中疏忽，导致隔离开关垂直连杆接地不可靠或未接地。

（2）施工安装人员不熟悉相应规范，导致隔离开关垂直连杆接地未安装。

（三）预防治理措施

（1）施工过程需满足《电气装置安装工程 接地装置施工及验收规范》（GB 50169）要求，电气装置的下列金属部分必须接地：电气设备的金属底座、框架及外壳和传动装置。

（2）加强现场检查验收工作，及时发现类似问题并进行处理。

第三节　母线安装工程

适用于风电工程升压站内母线、引下线、跳线安装质量通病防治。

TB-083：设备线夹与硬母线接头绝缘套低温冻裂

（一）通病现象

设备线夹底部未打排水孔，硬母线接头绝缘套未打排水孔。当在冬季寒冷地区温度较低时，斜向上设备线夹内部进水时会造成线夹冻裂；硬母线接头绝缘套未打排水孔，导致其结冰冻裂，如图3-12、图3-13所示。

图3-12　线夹未设置泄水孔　　图3-13　硬母线绝缘套未设置泄水孔

（二）原因分析

（1）施工人员对工艺不熟悉，对相应的规范要求不理解。

（2）监理单位管控力度不足，施工方案审核过程不细致。

（三）预防治理措施

（1）在施工方案中增加相应内容，施工过程进行技术交底，强化相关工艺要求。

（2）户外软导线压接线夹口向上安装时，应在线夹底部打直径不超过ϕ8mm

的泄水孔，以防冬季寒冷地区积水结冰冻裂线夹。

（3）硬母线接头加装绝缘套后，应在绝缘套下凹处打排水孔，防止绝缘套下凹处积水、冬季结冰冻裂。

TB-084：母线、引下线弧度不一致

（一）通病现象

安装时母线及引下线弧度不一致，误差超过规定值，将会使导线或构架、金具等承受额外增大的应力，减小对地安全间距，影响整体美观性，如图 3-14 所示。

图 3-14　引下线安装弧度不一致

（二）原因分析

（1）母线截取长度计算错误，未按照《电气装置安装工程 母线装置施工及验收规范》（GB 50149）要求计算长度，未考虑挂线金具的长度和允许偏差。

（2）导线切断、压接未按规范施工。

（三）预防治理措施

（1）母线和导线安装时，应精确测量档距，母线弧度应符合设计要求，其允许偏差为 +5%~–2.5%，同一档距内三相母线的弧度应一致，并考虑挂线金具的长度和允许偏差，以确保其各相导线的弧度一致，相同布置的分支线应具有同样的弯曲度和弧度。

（2）引下线及跳线线夹位置设置合理，引线走向自然、美观，弧度适当或按设计要求。架设后及时进行弧度调整。

TB-085：设备连接导线制作工艺不规范

（一）通病现象

设备连接导线工艺不美观，设备承受拉力不均匀，如图 3-15 所示。

（二）原因分析

未分别测量每相连接导线的实际长度，测量放样误差较大。

（三）预防治理措施

（1）设备连接导线每相实际长度应分别测量，连接导线经过测量后，经放样后截取。

（2）短导线压接时，将导线插入线夹内距底部 10mm，用夹具在线夹入口处将导线夹紧，从管口处向线夹底部顺序压接，以避免出现导线隆起现象。

图 3-15　设备连接导线长短不一

（3）软母线线夹压接后，应检查线夹的弯曲程度，有明显弯曲时应校直，校直后不得有裂纹。

TB-086：硬母线制作工艺不规范

（一）通病现象

硬母线制作完成后出现间距不一致、螺栓穿孔方向不一致、支柱绝缘子固定位置错误等施工工艺问题，如图 3-16～图 3-18 所示。

（二）原因分析

（1）施工人员对规范要求不熟悉，现场施工过程未按施工工艺进行。

（2）监理对现场监督管控力度不足，未能及时发现并消除问题。

（三）预防治理措施

（1）母线平置安装时，贯穿螺栓应由下往上穿；母线立置安装时，贯穿螺栓应出左向右、由里向外穿，连接螺栓长度宜露出螺母 2～3 扣。

图 3-16　螺栓穿孔方向错误

图 3-17　连接螺栓长度未露出螺母 2～3 扣

图 3-18　支柱绝缘子固定在母线弯曲处

（2）硬母线制作要求横平竖直，母线接头弯曲应满足规范要求，并尽量减少接头。

（3）支持绝缘子不得固定在弯曲处，母线开始弯曲处与最近绝缘子的母线支持夹板边缘的距离不应大于 0.25L，但不得小于 50mm。母线开始弯曲处距离母线连接位置不应小于 50mm，如图 3-19 所示。

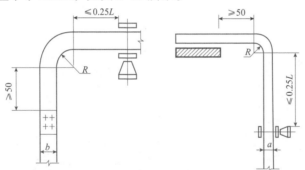

图 3-19　支持绝缘子正确安装位置

a—母线厚度；b—母线宽度；L—母线两支持点间的距离；R—母线最小弯曲半径

（4）相邻母线接头不应固定在同一绝缘子间隔内，应错开间隔安装。

（5）多片母线的弯曲度、间距应一致。

TB-087：软母线固定未缠绕铝包带

（一）通病现象

软母线采用钢制螺栓型耐张线夹或悬垂线夹连接时，未缠绕铝包带或缠绕不规范，造成导线在摆动过程中受到损伤。

（二）原因分析

（1）施工人员未按照规范要求进行施工。

（2）对规范要求不清楚，施工方案中未能体现相应技术要求。

（三）预防治理措施

（1）安装时要满足《电气装置安装工程　母线装置施工及验收规程》（GB 50149）中规定，当软母线采用钢制螺栓型耐张线夹或悬垂线夹连接时，应缠绕铝包带，其绕向应与外层铝股的绕向一致，两端露出线夹不得超过10mm，且端口应回到线夹内压紧。

（2）在现场施工方案编制以及技术交底过程中，增加相关技术要求。

（3）现场检查验收过程要检查细致，及时发现相关问题并处理。

第四节　全站电缆施工

适用于风电工程升压站内外电缆敷设、保护管制作、防火封堵等工程质量通病防治。

TB-088：电缆保护管制作不规范

（一）通病现象

现场电缆管弯头制作不规范，弯曲半径过小，电缆管弯扁程度过大，电缆穿管时困难，电缆管口毛刺损伤电缆，如图3-20、图3-21所示。

图3-20　未对电缆管口进行　　图3-21　电缆保护软管端口封闭不规范
　　　　　钝化处理

（二）原因分析

（1）电缆管弯头制作未按照规范操作，弯头数量过多。

（2）现场弯制时未使用专用工具，导致电缆管弯扁程度过大。

（3）现场设计未明确管材型号，电缆管与电缆外径不匹配。

（三）预防治理措施

（1）电缆保护管与地面垂直并与构支架平行，多根电缆管排装时，弯曲半径和高度应一致；每根电缆管的弯头不多于 3 个，直角弯不多于 2 个。

（2）电缆弯制后，不应有裂缝和明显的凹瘪，弯扁程度不宜大于管子外径的10%。

（3）电缆管的弯曲半径不应小于穿入电缆最小允许弯曲半径。

（4）电缆管的内径与穿入电缆外径之比不得小于 1.5。

（5）采用金属软管及合金接头作电缆保护接续管时，其两端应固定牢靠，密封良好。

（6）电缆管切割后，管口必须进行钝化处理，以防损伤电缆，也可在管口上加装软塑料套。

TB-089：电缆保护管对焊划伤电缆

（一）通病现象

金属电缆保护管直接对焊，焊接毛刺容易划伤电缆。

（二）原因分析

（1）施工人员对电缆管制作工艺不熟悉，未满足其使用功能要求。

（2）现场监督管理人员未能及时发现问题。

（三）预防治理措施

（1）金属电缆管不应直接对焊，应采用螺纹接头连接或套管密封焊接方式；连接时应两管口对准、连接牢固、密封良好。

（2）螺纹接头或套管的长度不应小于电缆管外径的 2.2 倍。

（3）硬质塑料管在套接或插接时，其插入深度宜为管子内径的 1.1~1.8 倍。在插接面上应涂以胶合剂粘牢密封；采用套接时套管两端应采取密封措施。

TB-090：电缆敷设不规范

（一）通病现象

电缆敷设紊乱，随意交叉，拐弯处弧度不一致，电缆未分层敷设，部分电缆未上架，电缆桥架安装不规范，如图 3-22、图 3-23 所示。

（二）原因分析

（1）电缆敷设未进行整体策划。

（2）现场监督管控力度不足，发现问题后未能及时改进。

（三）预防治理措施

（1）电缆沟转弯处的电缆弯曲弧度一致、绑扎牢固，避免交叉，在电缆沟十字交叉口、丁字口处增加电缆托架，以防止电缆落地或过度下坠。

图 3-22   电缆敷设质量差

（2）电缆层井口处的电缆弯曲弧度一致、绑扎牢固，不交叉。

（3）直线段电缆应平直、顺畅，不允许直线沟内支架上电缆有弯曲或下垂现象。

（4）电缆在终端、建筑物进出口、排管进出口、电缆沟转弯等处应装设标识牌，标识清晰。电力电缆与控制电缆不宜配置在同一层支吊架上。

（5）交流单芯电力电缆固定夹具不应构成闭合磁路。交流单芯电力电缆应布置在同侧支架上，呈品字形敷设。

图 3-23   电缆桥架连接板螺栓由外向里穿入

（6）固定电缆桥架连接板的螺栓应由里向外穿，以免划伤电缆。

TB-091：电缆敷设损伤变形

（一）通病现象

电缆敷设过程存在电缆与地面、设备摩擦现象及电缆扭曲变形现象，最终导致电缆护套受损及敷设后电缆存在应力。

（二）原因分析

（1）现场施工人员对电缆敷设工艺不清楚或未按照正确施工工艺进行施工。

（2）动力电缆敷设时采用机械牵引时，牵引速度不受控制，导致电缆容易与地面摩擦，造成电缆损伤。

（3）现场管理人员未意识到此类问题，施工完毕后电缆带病运行。

（三）预防治理措施

（1）电缆敷设时，应采用机械敷设，电缆应从电缆盘的上端引出，不应使电缆在支架上及地面摩擦拖拉。电缆上不得有铠装压扁、电缆绞拧、护层折裂等未消除的机械损伤。

（2）机械敷设电缆的速度不宜超过 15m/min，110kV 及以上电缆或在较复杂路径上敷设时，其速度应适当放慢。

（3）机械敷设时，应在牵引头或钢丝网套与牵引钢缆之间装设防捻器。

TB-092：防火封堵不完善

（一）通病现象

盘柜防火封堵观感质量差，孔洞封堵不严密，防火墙制作不规范，防火墙内电缆未用有机堵料填充，发生火灾时不能有效阻燃以及小型啮齿类动物容易窜入电缆沟，为生产单位的长期运行留下隐患，如图 3-24、图 3-25 所示。

图 3-24　防火封堵观感质量差　　　　图 3-25　未进行防火封堵

（二）原因分析

（1）施工人员不熟悉相关规范要求。

（2）现场施工人员麻痹大意，未按照施工工艺进行施工。

（3）现场监管人员等未按规范要求进行严格的质量监检工作。

（三）预防治理措施

（1）现场施工必须按规范要求的施工工艺进行作业，满足《电气装置安装工程电缆线路施工及验收规范》（GB 50168）要求。

（2）盘柜防火封堵时预留孔洞盖板应齐全、稳固（可采用防滑螺纹钢板覆盖孔洞，点焊固定）。

（3）在户外电缆沟内、控制室或配电装置的沟道入口处、电缆竖井内、电缆至屏（柜、箱、台）开孔部位、电缆穿管等处均应实施防火封堵。

（4）需按照盘、柜底部尺寸切割防火板；防火封堵应严密、平整（电缆管口的堵料要成圆弧形），有机堵料不能与电缆芯线及网络电缆直接接触。

（5）户外电缆沟的隔断采用防火墙，防火墙两侧采用 10mm 以上厚度防火隔板封隔、中间采用无机堵料、防火包或耐火砖堆砌，防火墙内的电缆周围必须采用不得小于 20mm 的有机堵料进行包裹。

（6）电缆沟内防火墙底部应留有排水孔洞，防火墙上部的盖板表面宜做明显且不易褪色的标识。

（7）电缆孔洞封堵应严实可靠，不应有明显的裂缝和可见的孔隙，堵体表面平整，孔洞较大者应加耐火衬板后再进行封堵。有机防火堵料封堵不应有透光、漏风、龟裂、脱落、硬化现象；无机防火堵料不应有粉化、开裂等缺陷。防火包的堆砌应密实牢固，外观应整齐，不应透光。

TB-093：电缆防火涂料涂刷不规范

（一）通病现象

电缆防火涂料涂刷不均匀，防火涂料涂刷面积及长度不够，未能起到阻火作用，如图 3-26 所示。

（二）原因分析

（1）现场施工人员不熟悉规范要求。

（2）监督人员未能及时发现并处理。

（三）预防治理措施

防火墙紧靠两侧不小于 2m 区段内所有电缆应加涂防火涂料或缠绕防火包带，防火涂料涂刷均匀。

TB-094：电缆标识牌制作质量差

（一）通病现象

电缆标识牌手写，颜色易脱落，屏内布线混乱、电缆头制作及挂牌不规范，如图 3-27 所示。

图 3-26　防火涂料涂刷厚度不均匀　　图 3-27　网络通信标识牌存在手写现象

（二）原因分析

（1）现场未严格要求，出现手写标识牌。

（2）现场未按规范要求施工。

（三）预防治理措施

（1）二次回路接线标识应满足《电气装置安装工程　盘、柜及二次回路接线施工及验收规范》（GB 50171）要求：电缆芯线和所配导线的端部均应标明其回路编号，编号应正确，字迹应清晰，不易脱色。

（2）现场标识牌装设应满足《电气装置安装工程　电缆线路施工及验收规范》（GB 50168）要求：标识牌上应注明线路编号。当无编号时，应写明电缆型号、规格及起讫地点；并联使用的电缆应有顺序号。标识牌的字迹应清晰不易脱落。

（3）监控、通信自动化及计量屏柜内的电缆、光缆安装，应与保护控制屏柜接线工艺一致，排列整齐有序，电缆编号挂牌整齐美观。

第五节　防雷及接地

适用于风电工程升压站内接地网敷设、设备接地安装工程质量通病防治。

TB-095：镀锌扁钢弯曲时采用火焊加热弯曲

（一）通病现象

现场施工过程中未使用冷弯加工机械，加热弯曲时镀锌层破坏严重，导致后续扁钢锈蚀严重。

（二）原因分析

（1）施工人员未配置冷弯加工机械，用金属体直接敲打扁钢进行调直，造成扁钢表面损伤、锈蚀。

（2）施工前未对施工人员进行技术交底，施工人员未按要求进行施工。

（三）预防治理措施

（1）应配备冷弯加工机械。

（2）组织施工人员学习冷弯施工工艺规范。

（3）施工过程中加强检查，发现问题及时整改。

TB-096：构支架引下线不便于断开

（一）通病现象

不便于断开接地扁钢与杆体接触部位，不方便测量接地电阻，如图3-28所示。

（二）原因分析

（1）设计图纸对接地引下线的制作工艺没有明确说明。

（2）施工人员未按规范施工方法操作。

（三）预防治理措施

（1）施工时先浇筑保护帽，接地线沿保护帽外沿敷设。

（2）施工方案中明确，接地线的高度、方向及敷设方式，变电站构架

图 3-28　架构接地引线不便断开

及设备支柱接地端子底部与设备基础保护帽顶面的距离以不小于 200mm 为宜，便于涂刷接地标识漆。

（3）接地引下线应沿建筑物、混凝土（保护帽）表面贴合敷设，以达到接地断开点便于测量的目的。

（4）加强检查验收过程环节控制。

TB-097：接地体搭接及焊接不符合规范要求

（一）通病现象

接地体搭接面积不足，接地体防腐措施不到位，接地焊接连接不可靠，接触电阻大，如图 3-29 所示。

图 3-29　接地搭接面积不够

（二）原因分析

（1）现场施工人员不熟悉规范要求，未按照图纸及规范施工。

（2）现场监督管控力度不足，发现问题未能及时处理。

（三）预防治理措施

（1）接地体的连接应采用焊接，焊接必须牢固、无虚焊，焊接位置两侧

100mm 范围内及锌层破损处应防腐。

（2）采用焊接时搭接长度应满足扁钢搭接为其宽度的 2 倍，圆钢搭接为其直径的 6 倍，扁钢与圆钢搭接时长度为圆钢直径的 6 倍。

（3）加强规范学习，加强中间验收、隐蔽验收环节控制。

（4）扁钢与扁钢搭接时不得小于 3 个棱边焊接；扁钢与钢管、扁钢与角钢焊接时，除应在其接触部位两侧进行焊接外，还应由钢带或钢带弯成的卡子与钢管或角钢焊接。

TB-098：变电站内金属围栏未有跨接接地线

（一）通病现象

站内金属围栏未设置跨接接地线，容易造成感应触电，如图 3-30 所示。

图 3-30　金属围栏未设置接地跨接线

（二）原因分析

（1）施工方对相应的规范要求不清楚，未安装。

（2）施工方案及技术交底不清晰。

（三）预防治理措施

（1）配电装置的金属遮栏需满足《电气装置安装工程　接地装置施工及验收规范》（GB 50169）要求对其金属部分必须接地。

（2）设计图纸中明确相应的要求，标明相应的接地位置及接地线规格型号。

（3）在技术方案中明确相关要求，按照方案执行。

TB-099：构架爬梯未明显接地

（一）通病现象

升压站内构架爬梯未进行接地，存在感应电触电风险，如图 3-31 所示。

图 3-31　构架爬梯未接地

（二）原因分析

（1）图纸中未明确要求。

（2）施工人员未按照图纸要求施工。

（3）现场施工人员疏忽未安装。

（三）预防治理措施

变电站室外灯座、空调、金属栏杆、钢爬梯等应采用专用的接地线与主网可靠连接。

TB-100：接地螺栓紧固部位涂刷标识漆

（一）通病现象

接地螺栓紧固部位涂刷标识漆，影响螺栓紧固效果；配电室内试验接地端子涂刷标识漆，影响接地效果，如图 3-32、图 3-33 所示。

图 3-32　试验接地端子
涂刷标识漆

图 3-33　接地紧固螺栓处涂刷标识漆

（二）原因分析

（1）现场施工人员对试验端子的功能不清楚，未能满足其使用要求。

（2）对相关的要求不清晰，未能在施工方案中明确。

（三）预防治理措施

（1）试验接地端子螺栓紧固处不应涂刷接地标识漆，以免影响试验时接地效果。

（2）明敷的设备接地引下线，应避开螺栓紧固部位，刷涂黄绿相间的条纹标识，以免影响螺栓紧固效果。

TB-101：二次继保室内未设置等电位接地，屏蔽线施工不规范

（一）通病现象

控制屏内接地未设置等电位接地，工作接地与保护接地均接在一个母排上。且有多个屏蔽线接在同一接线端子，屏蔽线未套热缩套，没有用压线鼻子，如图3-34、图3-35所示。

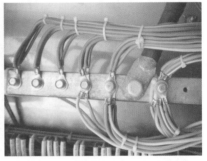

图3-34　多个屏蔽线接在同一接线端子　　　图3-35　单个压接端子屏蔽线
超过6根

（二）原因分析

（1）现场对等电位接地要求不熟悉。

（2）未按照《国家电网公司十八项电网重大反事故措施》要求进行施工，相应的施工方案未明确。

（3）现场对电缆屏蔽线施工工艺不熟悉。

（三）预防治理措施

（1）装设保护和控制装置的屏柜地面下设置的等电位接地网宜用截面积不小于 $100 \, \text{mm}^2$ 的接地铜排连接成首末可靠连接的环网，并应用截面积不小于 50mm^2、不小于4根铜缆，与厂、站的接地网一点直接连接。

（2）保护和控制装置的屏柜内下部应设有截面积不小于 100mm^2 的接地铜排，屏柜内装置的接地端子应用截面积 4mm^2 的多股铜线和接地铜排相连，接地铜排应用截面积 50mm^2 的铜排或铜缆与地面下的等电位接地母线相连。

（3）分散布置的就地保护小室、通信室与集控室之间的等电位接地网，应使用截面积不小于 100mm^2 的铜排或铜缆可靠连接。

（4）控制等二次电缆的屏蔽层接至等电位接地网，屏蔽电缆的屏蔽层应在开关场和控制室内两端接地。在控制室内屏蔽层应接于保护屏内的等电位接地网，开关场屏蔽层应在与高压设备有一定距离的端子箱接地。

（5）固定在电缆沟金属支架上的等电位接地网铜排应按设计要求施工。

（6）电缆较多的屏柜接地母线的长度及其接地螺孔宜适当增加，以保证一个接地螺栓上安装不超过 2 个接地线鼻子的要求。

（7）电缆的屏蔽线宜在电缆背面成束引出，编织在一起引至接地排，屏蔽线接至接地排时，可以采用单根压接或多根压接的方式，多根压接时数量控制在 6 根以下，并对线鼻子的根部进行热缩处理，压接应牢固、可靠。

第六节　盘柜及二次回路接线

适用于风电工程升压站内二次盘柜、高压开关柜、二次回路接线安装工程质量通病防治。

TB-102：开关柜基础预埋件尺寸存在偏差

（一）通病现象

基础预埋件尺寸存在水平度或平行度误差，导致开关柜安装后水平度误差较大。

（二）原因分析

（1）土建工程施工过程中，电气专业人员未及时介入，基础槽钢预埋偏差较大。

（2）土建交安过程未能发现相关问题，致使问题流入下一工序。

（三）预防治理措施

（1）基础槽钢偏差应满足《电气装置安装工程　盘、柜及二次回路接线施工及验收规范》（GB 50171）中要求，其允许偏差不直度小于 1mm/m，全长小于 5mm；不平度小于 1mm/m，全长小于 5mm。位置误差及不平行度小于 5mm。

（2）加强土建与电气专业设计沟通，现场认真核对施工图，加强图纸预检及会审，提早预防治理设备与基础不匹配的情况。

（3）加强施工图预检和会审，应核对基础预埋件与屏柜的尺寸。

（4）施工过程中加强过程控制，按图施工。

TB-103：**配电盘面剐蹭、有划痕**

（一）通病现象

安装完成后的开关柜盘面出现剐蹭，导致盘面漆皮脱落，有划痕，影响观感质量。

（二）原因分析

（1）设备运输工程中未做好相应的保护工作，导致运输过程中设备受到剐蹭。

（2）设备开箱未按要求进行，相应的问题未能够及时发现。

（3）现场成品保护工作存在盲区，柜体安装后进行其他工序时受到破坏。

（三）预防治理措施

（1）加强监理设备开箱检查工作，加强安装过程中的成品保护。

（2）配电盘（开关柜）安装前，检查外观漆面应无明显剐蹭痕迹，发现问题后及时进行修复。

TB-104：**盘柜水平偏差、盘面偏差、盘柜相邻屏柜间隙超标**

（一）通病现象

盘柜水平偏差、盘面偏差、盘柜相邻屏柜间隙超标，现场观感质量较差，如图3-36所示。

（二）原因分析

（1）现场施工过程质量控制未严格要求。

（2）现场施工人员对规范要求不熟悉。

（三）预防治理措施

（1）按照规范要求，相邻两盘顶部水平偏差不大于2mm，成列盘顶部水平偏差不大于5mm；相邻两盘边盘面偏差不大于1mm，成列盘面偏差不大于5mm；盘间接缝偏差不大于2mm。

（2）现场施工过程中需严格管控。

TB-105：**屏柜外形尺寸、颜色不统一**

（一）通病现象

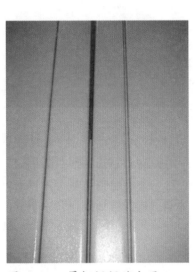

图3-36 屏柜间间隙大于2mm

屏柜存在色差，观感质量欠佳，如图3-37所示。

（二）原因分析

（1）未在技术规范书中明确盘柜所采取色系。

（2）现场验收把关不严。

（三）预防治理措施

（1）应在设备招标文件及技术规范书中明确所有屏柜的色标号以及外形尺寸。

（2）严把设备进场质量验收关，加强现场验收工作。

TB-106：屏柜与基础槽钢直接焊接

（一）通病现象

焊接时破坏屏柜表面漆层。

（二）原因分析

未按作业指导书进行施工，施工人员不熟悉施工工艺要求。

（三）预防治理措施

（1）屏柜安装应采用螺栓固定，不得与基础型钢焊接。

图 3-37 二次盘柜存在色差

（2）严格审核施工方案，明确相关要求，施工期对施工人员进行培训。

TB-107：屏柜柜门与柜体间接地跨接线缺失

（一）通病现象

屏柜柜门接地跨接线缺失，导致人员存在触电安全风险，如图 3-38 所示。

（二）原因分析

（1）施工人员不熟悉规范要求或未按规范要求施工。

（2）现场调试时拆除接地跨接线未及时恢复。

（3）厂家未配置。

（三）预防治理措施

（1）严格审核施工方案，明确相关要求，施工期对施工人员进行培训。

（2）调试完毕后督促安装调试人员及时恢复。

图 3-38 屏柜柜门缺少跨接线

（3）现场接货验收过程时仔细检查，及时要求厂家进行配置。

TB-108：屏顶小母线无防护罩

（一）通病现象

小母线无防护罩，交叉施工时受到干扰，易导致小母线损坏，短路引起保护动作跳闸，如图 3-39 所示。

图 3-39　屏顶小母线无保护措施

（二）原因分析

（1）施工过程中造成小母线防护罩遗失。

（2）厂家未配置母线防护罩。

（3）安装单位疏忽未安装。

（三）预防治理措施

（1）在技术规范书中明确小母线需设置防护罩。

（2）设备开箱过程中重点关注，发现问题及时反馈，尽快处理。

TB-109：通信盘柜内光纤尾纤散乱布置

（一）通病现象

尾纤布置凌乱，不便于查线，且容易造成尾纤折断，如图 3-40 所示。

图 3-40　尾纤布置凌乱

（二）原因分析

（1）施工过程未按规范要求进行施工。

（2）施工完毕未进行整理。

（三）预防治理措施

施工时应提前策划光纤走向，确定固定位置，对于长度较长光纤进行盘绕固定，弯曲半径不宜过小，以免光纤折断。

TB-110：35kV 开关柜内等电位接地与主接地不分

（一）通病现象

35kV 开关柜内未设置等电位接地，保护地与工作地未分开，微机保护设备及电缆屏蔽线与工作地相接，导致杂散电流串入保护设备，引起保护误动作。

（二）原因分析

（1）现场对《国家电网公司十八项电网重大反事故措施》规定不熟悉。

（2）设计图纸中未明确相关要求。

（3）施工方案中对 35kV 设备等电位接地设置未明确。

（三）预防治理措施

（1）柜体内设置等电位铜排，微机保护设备及电缆屏蔽线与等电位铜排相连。另外再与主控室延升的 $100mm^2$ 的铜缆（排）可靠连接。

（2）加强设计图纸审核工作，补充相关的设计要求。

（3）严格施工方案审核过程，对等电位接地内容进行明确要求。

TB-111：二次回路接线不规范

（一）通病现象

多根接地线压接在一个接线端子上，连接不可靠，压接不紧密，如图 3-41 所示。

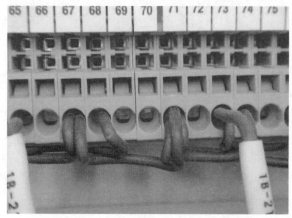

图 3-41　相同截面线芯压接在同一端子内数量超过两芯

（二）原因分析

（1）接线错误导致。

（2）现场调试人员使用后未恢复。

（三）预防治理措施

（1）二次接线施工前做好布线策划，宜先进行二次配线，后进行接线。

（2）不同截面线芯不得插接在同一端子内，相同截面线芯压接在同一端子内的数量不应超过两芯。

（3）插入式接线线芯割剥不应过长或过短，防止紧固后铜导线外裸或紧固在绝缘层上造成接触不良。

（4）线芯握圈连接时，线圈内径应与固定螺栓外径匹配，握圈方向与螺栓拧紧方向一致。

（5）在安全技术交底时要求按规程进行施工，并在施工时加强巡视检查。

TB-112：电缆备用线芯外露未标识且未加保护套

（一）通病现象

电缆备用芯铜芯外露未标识且未加保护帽，存在安全隐患，如图3-42所示。

（二）原因分析

接线及调试人员疏忽，对备用芯线重视程度不足。

（三）预防治理措施

现场施工需满足《电气装置安装工程 盘、柜及二次回路接线施工及验收规范》（GB 50171）要求备用芯应引至盘、柜顶部或线槽末端，并应标明备用标识，芯线导体不得外露。

图3-42 备用线芯未标识、未加保护帽

第七节 无功补偿装置安装

适用于风电工程升压站内无功补偿装置安装工程质量通病防治。

TB-113：干式空心电抗器底座接地、环形围栏未有明显断开点

（一）通病现象

干式空心电抗器底座接地成环形，无明显断开点，导致接地连接处形成闭合

磁路，接地体发热现象严重，如图 3-43 所示。

图 3-43 电抗器底部金属结构已构成闭合环路

（二）原因分析

（1）未按照图纸设计施工，土建施工人员不清楚基础预埋件接地要求。

（2）施工人员对规范不熟悉。

（三）预防治理措施

（1）干式空心电抗器的接地、网门和围栏，应设置断点。电抗器底座应有明显的接地断开点，不应形成电磁环路，防止产生涡流。

（2）电气人员提早介入基础预埋件施工，对环形接地点设置断开点。

（3）土建交安验收环节应细致，发现问题及时整改。

TB-114：电抗器网门未接地

（一）通病现象

电抗器网门未跨接地，导致人员操作存在一定的安全隐患，如图 3-44 所示。

（二）原因分析

安装人员对规范不熟悉，厂家所发配件中缺少跨接线。

（三）预防治理措施

栅栏门铰链处的软铜线应连接，确保良好接地。

图 3-44 电抗器网门未跨接接地

第八节 站内其他辅助电气设施安装

适用于风电工程升压站内防雷、预埋件埋设、设备防护等工程质量通病防治。

TB-115：站内设备螺栓漏出丝扣长短不一

（一）通病现象

站内设备螺栓漏出丝扣长短不一，影响紧固效果及感观质量，如图 3-45 所示。

图 3-45 预埋螺栓丝扣漏出过长

（二）原因分析

（1）厂家配置的螺栓长短不一，误差较大。

（2）紧固后未进行检查。

（3）现场安装人员疏忽大意，未引起足够重视。

（三）预防治理措施

（1）安装前应进行检查，选择长度一致的螺栓。

（2）对于提前预埋螺栓要测量螺栓外露长度，螺栓宜漏出螺母 2~3 扣。

（3）安装后要统一检查，加强规范学习，验收时要对全部螺栓进行检查。

（4）施工过程中加强验收检查，存在问题及时处理。

TB-116：站内设备所用紧固件锈蚀

（一）通病现象

站内设备紧固件在使用期限内出现严重锈蚀，影响紧固效果及感观质量，如图 3-46、图 3-47 所示。

图 3-46　路灯地脚螺丝锈蚀严重　　图 3-47　水泵房阀门紧固螺栓锈蚀严重

（二）原因分析

（1）紧固件未采用镀锌或不锈钢制品，室外环境下未采用热镀锌制品。

（2）电气接线端子紧固件未满足规范要求。

（3）现场安装人员疏忽，未引起足够重视。

（三）预防治理措施

（1）设备安装用的紧固件，应采用镀锌制品或不锈钢制品，用于户外的紧固件应采用热镀锌制品。

（2）电气接线端子紧固件应符合现行《高压电器端子尺寸标准化》（GB/T 5273）的规定要求。

（3）安装后要统一检查，加强规范学习，验收时要对全部螺栓进行检查。

（4）施工过程中加强验收检查，存在问题及时处理。

TB-117：室外设备仪表无防雨罩

（一）通病现象

雨水进入二次接线盒造成信号误报。

（二）原因分析

（1）厂家未提供。

（2）安装单位未安装。

（三）预防治理措施

（1）设备仪表应有防雨措施，避免雨水进入二次接线盒内。

（2）技术规范书中明确相关内容。

（3）开箱验收过程中应检查，如有遗漏及时补充。

（4）施工过程中加强验收并及时处理。

TB-118：独立避雷针定位设置错误

（一）通病现象

独立避雷针及其接地装置与道路或建筑物的出入口等的距离小于 3m，如图 3-48 所示。

（二）原因分析

（1）设计未按照规范要求进行设计。

（2）现场施工人员对规范要求不熟悉。

（3）现场技术交底时未发现类似问题。

（三）预防治理措施

（1）《电气装置安装工程 接地装置施工及验收规范》（GB 50169）规定独立避雷针及其接地装置与道路或建筑物的出入口等的距离应大于 3m。当小于 3m 时，应采取均压措施或铺设卵石或沥青路面。

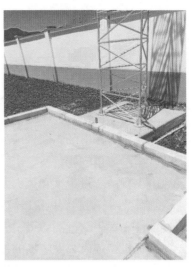

图 3-48 独立避雷针路旁设置

（2）加强图纸审核，发现问题后及时解决，避免类似问题。

（3）加强现场监督检查力度，加强中间验收、隐蔽验收环节控制。

TB-119：架空避雷线未与变电站接地装置相连

（一）通病现象

架空避雷线未与变电站接地装置相连，未设置便于地网电阻测试的断开点。

（二）原因分析

现场安装人员不熟悉规范要求。

（三）预防治理措施

（1）《电气装置安装工程 接地装置施工及验收规范》（GB 50169）要求发电厂、变电站配电装置的构架或屋顶上的避雷针及悬挂避雷线的构架应在其接地线处装设集中接地端子，并应与接地网相连。

（2）接地点应方便断开，便于测试接地电阻。

第四章 风机安装工程

随着风力发电的不断发展，风力发电机组装机容量在不断上升，在工程建设期间发生的质量问题日益突出，有些质量问题在多个建设项目中重复发生，影响了风电工程的建设进度和风力发电机组的稳定运行。

本章共四节，包含风机塔筒安装、机组安装、叶片安装和风机螺栓力矩施工，内容涵盖风机吊装工程各个工序，共计21条质量通病及防治措施案例。

风机机组是风力发电场的核心设备，是整个风电场的电能的制造中心，关乎整个风电场的安全运行和持续性经营。对其质量通病防治，可减少风机机组运行过程中质量通病的发生，降低各类障碍发生率、故障停机小时数和由此带来的发电量损失，提升机组可利用率和发电收益。

第一节 风机塔筒安装工程

适用于风电工程塔筒安装工程质量通病防治。

TB-120：运行风机基础冒浆

（一）通病现象

对基础环式基础的风电机组，运行中出现塔筒晃动、基础环处冒浆渗水返浆、混凝土表层开裂脱落现象，风机固有频率检测不满足设计要求，具有较大安全隐患，如图4-1、图4-2所示。

图4-1 基础环基础表层开裂脱落

图4-2 基础环基础内壁冒浆

（二）原因分析

（1）设计计算考虑不足，基础环总高度及埋入混凝土深度、底法兰尺寸及穿孔钢筋布置等设计不达标。

（2）基础混凝土强度不满足设计要求。

（3）基础环未进行防水施工或防水不符合设计要求。

（4）基础环与混凝土接触部位因雨水掺入，间隙逐渐增大，渗水及冒浆现象逐步加大。

（三）预防治理措施

（1）由于基础环连接自身受力特性，加强设计出图后的校核，同设备厂家做好对接，确保设计的符合性。

（2）基础混凝土材料严格按设计和试验室配比要求，风机基础为大体积混凝土，施工过程应严格遵守《大体积混凝土施工标准》（GB 50496）要求，做好混凝土下料、振捣、养护等各工序，为防止开裂，应按设计要求添加抗裂纤维材料，保证混凝土强度和抗裂性能满足设计要求。风机基础应一次性浇筑完成，避免出现冷缝。按规定要求留置试块，混凝土强度达到100%后方可进行吊装作业。

（3）基础环式基础防水要求较高，应严格按照设计和机组设备厂家有关设计和施工规范要求进行基础环防水施工，包括有防水功能的橡胶、密封胶、防水涂层等。

（4）对出现渗水、冒浆的机组，发现后及时停机并对其固有频率进行测试。组织专家论证，根据各项检测结论进行加固整改，由专业设计资质单位出具整改方案。

TB-121：基础环内部混凝土浇筑高度不符

（一）通病现象

在进行机组吊装时，机组基础环内部混凝土浇筑高度不满足设计要求，影响塔筒吊装。

（二）原因分析

（1）风机基础混凝土浇筑施工工艺未把控到位。

（2）验收人员检验监督不到位。

（三）预防治理措施

（1）做好技术交底并全程做好现场监督，严格把控混凝土浇筑质量及工艺要求。

（2）做好土建交安工作，对施工中及施工完成的基础进行检查测量，发现问题及时处理，并持续跟踪。

TB-122：未拆除散热风扇风道软连接处包装

（一）通病现象

由于散热风扇安装时软连接处包装物未拆除，导致风机启动后 IGBT 模块散热不良，易引起火灾，如图 4-3 所示。

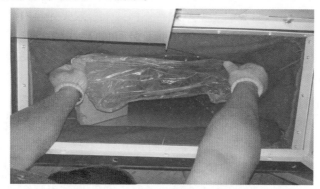

图 4-3　软连接处包装物未拆除

（二）原因分析

安装时监督检查、验收不到位，吊装作业时安装人员没有将外包装拆除。

（三）预防治理措施

（1）加强对安装作业人员培训交底。

（2）对现场调试人员进行督导，保证静调时检查到位。

第二节　风机机组安装工程

适用于风电工程风机机组安装工程质量通病防治。

TB-123：塔筒内基础环接地扁铁连接螺栓锈蚀

（一）通病现象

基础环接地扁铁连接处螺栓锈蚀，接地不良，影响到机组后期防雷安全等级，如图 4-4 所示。

（二）原因分析

（1）由于接地扁铁螺栓长时间暴露在外，未采取防护措施，使得螺栓锈蚀严重。

（2）安装时螺栓防腐层破坏。

（三）预防治理措施

按照工艺要求对接地螺栓进行安装，加强监督检查，更换不符合防腐要求的螺栓。

图 4-4　基础环接地扁铁连接处螺栓锈蚀

TB-124：机舱及发电机吊具问题

（一）通病现象

（1）机舱卸货吊具吊带长度不符，吊装时无法调整平衡，如图4-5所示。

（2）定制发电机吊梁与卸扣不匹配，无法连接，如图4-6所示。

图4-5　吊带实际长度与标签不符　　图4-6　发电机吊梁与卸扣不匹配

（二）原因分析

（1）吊具出厂检验不到位，未进行预装试验。

（2）吊具到场接货后，现场人员未及时进行预装试验。

（三）预防治理措施

（1）吊具出厂前应进行严格的出厂检验测试，并对成套产品进行预装试验。

（2）现场吊具接货时，应仔细核对吊具清单，并对成套吊具进行预装，以便于发现问题及时处理。

TB-125：滑环线及哈丁头损坏

（一）通病现象

机组轮毂内变桨动力电缆、变桨信号电缆与滑环连接端哈丁头损坏，如图4-7所示。

（二）原因分析

（1）变桨动力电缆、变桨信号电缆绑扎固定不牢靠，吊装过程中，哈丁头与轮毂总成及其他固件发生碰撞摩擦，造成严重损坏。

（2）吊装前未对轮毂内部件进行二次检查。

（3）吊装技术交底不明确。

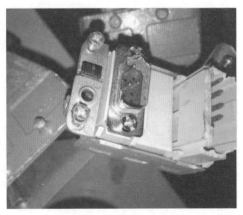

图4-7　哈丁头损坏

（三）预防治理措施

（1）吊装前确保变桨动力电缆、变桨信号电缆绑扎固定牢靠。

（2）在吊装前对现场部件关键点进行二次检查。

（3）吊装前对安装工作中的关键点进行交底。

TB-126：发电机组进水结冰导致卡滞

（一）通病现象

松开发电机锁定销进行叶轮缆风绳拆卸过程中，由于发电机组进水结冰发现发电机卡滞，无法拆除缆风绳，如图 4-8 所示。

图 4-8　发电机卡滞

（二）原因分析

（1）发电机人孔处进水，气温较低时，出现结冰导致卡滞。

（2）现场人部件缺少防护措施，导致雨水进入。

（3）安装人员对发电机无定子排水孔的机型设计不熟悉，吊装之前未进行发电机翻身及转子观察孔排水作业，导致发电机腔内存留的水长时间无法排出。

（三）预防治理措施

（1）现场吊装发电机之前清除表面的存水，发电机翻身后要打开舱门处的转子观察孔皮塞进行检查和排水，再进行下一步吊装。

（2）对已经完成吊装的机组逐台打开观察孔上的皮塞进行检查和排水，对无法旋转的发电机，调试期间进行烘潮及启动散热风机进行排水。

（3）现场到货的发电机水平摆放并确保防护完好。

（4）吊装前对安装人员进行机组防护关键点交底。

TB-127：发电机排水孔存在异物

（一）通病现象

风机发电机排水孔存在异物，排水不畅，如图 4-9 所示。

图 4-9　发电机排水孔存在异物

（二）原因分析

　　发电机定子在总装厂组装完毕之后，未对相关遗留物品进行彻底清理，且发电机总装厂质检人员质检验收时未发现此物体，导致发电机转子与定子组装后，将此物体遗留在发电机内，堵塞发电机排水孔。

（三）预防治理措施

（1）加强发电机出厂质量管控。

（2）项目现场在接货、吊装前对大部件进行检查，发现问题及时处理。

TB-128：发电机绕组出线相序问题

（一）通病现象

发电机绕组出线不在同一组，存在相序交叉，如图 4-10 所示。

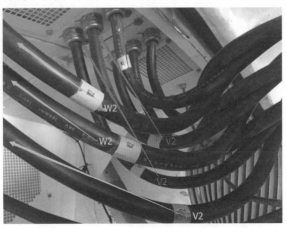

图 4-10　发电机绕组出线相序交叉

（二）原因分析

（1）发电机厂内装配时未按照工艺要求标准进行装配。

（2）发电机出厂检验未按照要求进行检查。

（3）现场接货及吊装过程中，检查不到位。

（三）预防治理措施

（1）发电机厂内装配时应仔细核对线标与相序，不得存在相序交叉。

（2）加强厂内作业及现场作业对每道工序的检验，优化标准和流程。

（3）发电机到场、吊装时应对发电机的线缆进行检查，发现此类问题，提前处理，减少对后期工作的影响。

TB-129：机组变桨充电器损坏

（一）通病现象

机组变桨充电器烧损。

（二）原因分析

变桨柜调试中使用的发电机功率不匹配。

（三）预防治理措施

选用与机组变桨充电器功率匹配的发电机进行调试。

TB-130：机舱吊带破损

（一）通病现象

机舱吊带破损，存在安全隐患，如图4-11所示。

（二）原因分析

（1）卸货、转场中吊带存在交叉使用。

（2）未使用吊带护具对吊带进行防护。

（3）使用完吊带后随意放置在现场经雨水浸湿后烈日暴晒，导致吊带老化破损。

（三）预防治理措施

（1）定期组织检查吊带，加强吊带防护，避免吊带在地面拖拽。

（2）每次吊装前对吊带进行详细检查，确认后方可起吊。

图4-11　机舱吊带破损

TB-131：发电机转子位置锁定错误

（一）通病现象

风力发电机组叶轮锁定销位置锁定错误，导致发电机轮毂人孔门位置偏差，影响人员进出维护，如图4-12所示。

图 4-12　叶轮锁定销锁定位置错误

（二）原因分析

发电机出厂时转子位置锁定错误。

（三）预防治理措施

（1）发电机出厂检查，把转子锁定检查单独列项，分别在定转子上加喷明显锁定标识。

（2）现场到货检查将发电机锁定位置列入必检项。

（3）现场技术交底明确安装单位吊装发电机检查项。

TB-132：机组柜体内部结霜结冰

（一）通病现象

机组柜体内部结霜结冰，导致绝缘性能降低，如图 4-13 所示。

图 4-13　机组柜体内部结霜结冰

（二）原因分析

秋冬季吊装时，昼夜温差大，机组吊装完毕后塔筒水冷管出口封堵，塔筒与底平台形成相对封闭的空间。由于塔筒门关闭不能形成向上的气流将湿空气带走，导致内部湿重空气在塔筒基础环内壁形成凝露。

（三）预防治理措施

（1）昼夜温差较大时期，吊装机组不应立即封堵水冷管出口。

（2）散热器进出水管在机组安装完毕后不要立即封堵，或者封堵时打开一个小的缺口通气。

（3）塔底平台盖板打开一段时间，留作通气（注：为安全起见，须设置警示牌）。

（4）柜体的密封工作要做好，如：采用防火泥封堵，进线、出线孔的密封等。

（5）机组安装前检查基础环是否存在积水、潮湿的现象，存在类似现象的机组需要不定期检查。

（6）调试时务必对变流柜除湿，确保湿度满足要求。

第三节　风机叶片安装工程

适用于风电工程风机叶片安装工程质量通病防治。

TB-133：叶片螺栓卡死

（一）通病现象

叶片倒运车将叶片运至机位进行卸货。在吊装作业时，安装单位按标记的中心吊点进行吊装。由于叶片标记的中心吊点与实际情况偏差大，叶片起吊螺栓螺母完全松出后，叶片根部翘起受力不均，导致叶片倒运螺栓卡至叶片内预埋螺母，如图 4-14 所示。

（二）原因分析

（1）叶片吊装点标记位置不是重心位置，造成叶片起吊后倾斜。

（2）运输方未按照现场要求对倒运叶片螺栓进行手拧安装，螺栓安装不符合工艺规范。

（3）叶片预埋螺母内存在颗粒及铁屑。

（三）预防治理措施

图 4-14　螺栓孔被螺栓卡死

（1）加强对叶片出厂质量检验。

（2）在叶片堆场监控运输方手拧螺栓，不得使用电动扳手。

（3）叶片到场后对预埋螺母孔进行过丝及压力泵吹气，将预埋螺母渣子清理干净。

TB-134：叶片组对削蹭、划伤

（一）通病现象

在吊装叶片组对过程中，变桨调节时，叶片与轮毂碰撞，造成叶片损伤，如图4-15所示。

（二）原因分析

叶片组对过程中，未有效采取防护措施。

（三）预防治理措施

做好叶片组对吊装过程中的防护措施，作业人员协调统一。

图4-15 叶片损伤

TB-135：叶轮变桨齿形带断裂

（一）通病现象

机组在叶轮组对完成后，对叶轮力矩进行验收时发现变桨齿形带压板螺栓有掉漆，扭动迹象，和其压板比对后发现齿形带异常，有断裂痕迹，随即将叶片锁定后拆除压板，发现齿形带断裂，如图4-16所示。

（二）原因分析

安装方人员打力矩、变桨过程中违规操作，到达极限后继续变桨，导致齿形带断裂。

（三）预防治理措施

（1）技术交底时明确安装工作中的关键点。

（2）打力矩、变桨过程中加强过程监管，设置旁站监督人员。

图4-16 叶轮变桨齿形带断裂

TB-136：叶片吊装滑落

（一）通病现象

叶片吊装过程中未按叶片吊点标识挂设吊具，易造成叶片滑落折断，如图4-17所示。

（二）原因分析

现场作业人员未按叶片吊点标识设置吊具。

（三）预防治理措施

严格技术交底，叶片吊装按吊点标识挂设吊具。

图 4-17 未在吊点标识位置挂设吊具

TB-137：叶片组对错位

（一）通病现象

叶片在组对时，变桨轴承变桨 180°后再和叶片的零刻度标识对接，导致叶片顺桨状态时，叶片度数与轮毂变桨盘实际的度数不一致，错位 180°。

（二）原因分析

（1）现场安装、指导人员施工、监督、检查不到位。

（2）施工人员的技术能力不到位，没有充分掌握安装的每一个环节。

（三）预防治理措施

（1）严格技术交底，强化安装、指导人员的质量意识。

（2）加强施工人员现场作业过程指导。

第四节 风机螺栓力矩工程

适用于风电工程风机安装螺栓力矩工程所致质量通病防治。

TB-138：螺栓力矩不符

（一）通病现象

液压站扭力值设置后同现场不符合，引起螺栓力矩超打或欠打。

（二）原因分析

（1）设备未校验。

（2）操作人员工作失误，设置数值不符合。

（三）预防治理措施

（1）每天工作开始前，对液压站进行检查，定期对液压站进行校验。

（2）全面技术交底，液压站调压时，必须有人监督，确认压力无误后进行工作。

（3）定时校验液压站的扭力，发现问题及时纠正。

TB-139：转速齿形盘螺栓松动损坏接近开关

（一）通病现象

叶轮前轴转速齿形盘螺栓松动，造成齿形盘接缝处发生错位。在转动的过程中与接近开关相接触，造成接近开关磨损，导致接近开关短路损坏，使机组频繁报转速故障，如图4-18、图4-19所示。

图 4-18　松动螺栓

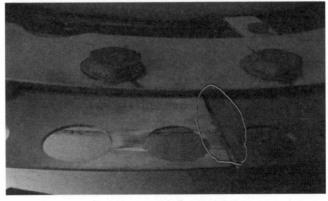

图 4-19　转速盘接缝错位

（二）原因分析

在安装过程中，安装人员未按照安装技术要求对螺栓进行紧固，导致螺栓松动。

（三）预防治理措施

（1）加强安装方质量监控，严格执行安装作业指导手册。

（2）在调试的过程中，应将齿形盘与接近开关距离调整到合适位置。防止接近开关与齿形盘较近，造成接近开关损坏。

TB-140：轮毂法兰螺纹损坏

（一）通病现象

轮毂法兰处螺栓孔丝扣损坏。

（二）原因分析

吊装过程中发电机和叶轮法兰面不能顺利贴合，安装人员用打力矩的方式将叶轮拖拽向发电机，完成其余螺栓的安装，从而导致丝扣损坏。

（三）预防治理措施

作业前进行全面技术交底，加强现场监督管控，严禁使用打力矩的方式将叶轮拖拽向发电机完成螺栓的安装。

第五章 线路工程

集电线路是风电项目的重要组成部分，它将风力发电机组与升压站连接成一个整体，随着风电项目施工质量标准的不断提升，以及风电场运行期稳定性及可靠性现状需求，对线路工程的施工质量也将进一步提高。但目前，风电场线路工程由于技术和管理等多方面原因，在建设过程中仍存在着众多质量通病。

为提高风电项目整体建设质量，推进风电线路工程质量再上新台阶，特总结当前风电项目线路工程建设中常见的质量薄弱环节，依据国家及行业有关规范、标准，对风电线路工程质量通病的现象进行了阐述，并对原因进行分析，提出针对性的防治措施，从而推动质量管控责任有效落实、质量通病问题有效防治、质量工艺水平稳步提升。

本章共六节，包含地理电缆、铁塔基础、铁塔组立、混凝土电杆组立、架线工程、导地线压接、附件安装、杆塔接地以及线路防护工程，内容涵盖风电场线路各个分部分项工程，共计55个质量通病和防治措施案例。

线路工程的施工质量直接关系到风电场项目的运行稳定性、可靠性及经济合理性，当前随着建设成本及建设工期不断优化，技术新人的不断涌入以及随市场导向的技术质量管理模式的嵌入，导致线路工程质量通病不减反增，不仅造成项目资源的浪费，也严重影响了风电场后期安全运行。本章对质量通病产生的主要原因进行深入分析，找寻有效的治理和预防措施，加强施工材料质量控制，强化施工过程的监督管理，保证线路工程建设施工质量达到预期标准。通过质量通病防治的推广及落实，为风电场提供一个稳定、可靠的集送电网络。

第一节 地埋电缆工程

适用于风电工程集电线路地埋电缆，集电线路至箱式变压器和箱式变压器至风机的高低压电缆施工质量通病防治。

TB-141：电缆敷设未按规范及工艺要求施工

（一）通病现象

在电力电缆直埋敷设时，未按规范、图纸要求进行施工，电缆敷设交错堆放、间距不足，造成电力电缆发热量相互叠加出现热击穿，最终导致接地短路故障，如图 5-1、图 5-2 所示。

图 5-1　电缆护套老化龟裂　　　图 5-2　电缆护套已经剥落

（二）原因分析

（1）施工电缆敷设间距、回填未按规范、图纸要求。

（2）电力电缆出厂时，技术参数未达到技术规范及国家标准的要求。

（3）电缆敷设施工时，监理、施工等相关单位未按规定要求进行隐蔽工程的签证验收。

（三）预防治理措施

（1）直埋敷设的电力电缆，必须按图纸及规范的要求施工，应满足《电气装置安装工程　电缆线路施工及验收规范》（GB 50168）要求。

（2）直埋电缆沟开挖深度不应小于 700mm，穿越农田或在车行道下敷设时不应小于 1000mm（设计值大于规范值，依据设计施工）。

（3）直埋电缆的上、下部应铺以大于或等于 100mm 厚的软土砂层，并加盖保护板，其中覆盖宽度应超出电缆两侧各 50mm，保护板可采用混凝土盖板或砖块，软土或砂子中不应有石块或其他硬质杂物。

（4）平行排列的 10kV 以上电缆之间间距不小于 250mm，10kV 及以下电缆之间间距不小于 100mm。

（5）直埋电缆在直线段每隔 50~100m 处、电缆接头处、转弯处、进入建筑物等处，应设置明显的方位标志或标志桩。

（6）单芯电力电缆的直埋敷设应采用品字形排列方式。

（7）对进场电缆宜进行第三方送检（电缆厂家不应参与），保证进场电力电缆质量符合国家标准要求。

（8）电力电缆的直埋敷设必须经过监理、施工等相关单位的隐蔽验收确认，并有相应的影像资料归档备查。

TB-142：电力电缆金属护层接地未按规范要求进行施工

（一）通病现象

电缆的金属护层接地未按规范要求进行施工，屏蔽、铠装层在极端情况下电位升高，对电缆绝缘、电气设备及人员造成损毁、伤害；屏蔽、铠装层中有感应电流流过，起弧、发热，造成电缆损毁；屏蔽、铠装层未分开引出，无法有效检测运行过程中屏蔽、铠装层的工艺完好性，为长期稳定运行留下故障隐患。

（二）原因分析

（1）未按规范要求进行电力电缆屏蔽、铠装层接地引出施工工艺施工。

（2）方案措施编制不全或错误，交底工作不彻底或未交底。

（3）现场监理、施工等相关单位未按规范要求进行质量监检工作。

（三）预防治理措施

（1）现场施工必须满足《电气装置安装工程　接地装置施工及验收规范》（GB 50169）要求。

（2）交流系统中三芯电缆的金属护层，应在电缆线路两终端接地；线路中间有中间接头时，接头处应直接接地。

（3）交流系统中单芯电缆的金属护层接地方式的选择及回流线的设置应符合设计要求。

（4）电缆接地线应采用铜绞线或镀锡铜编织线与电缆屏蔽层连接，铜绞线或镀锡铜编织线应加包绝缘层，其截面应满足表5-1的要求。

表 5-1　　　　　　　　　　电缆终端接地线截面积（mm²）

电缆截面积	接地线截面积
$S \leq 16$	接地线截面积与芯线截面积相同
$16 < S \leq 120$	16
$S \geq 150$	25

（5）统包型电缆终端头的电缆铠装层、金属屏蔽层应使用接地线分别引出并可靠接地；橡胶电缆铠装层、金属屏蔽层应锡焊接地线。

TB-143：电力电缆的试验过程不规范

（一）通病现象

试验电压、试验时间未达到规范要求，试验内容不全。

（二）原因分析

（1）对不同型号电缆，未按规范要求的时间进行试验。

（2）方案措施编制不全，交底工作不彻底或未交底。

（3）未按规范要求进行监检旁站工作。

（三）预防治理措施

（1）电缆试验需满足规范《电气装置安装工程　电气设备交接试验标准》（GB 50150）的要求。

（2）测量绝缘电阻，耐压前后，绝缘电阻测量应无明显变化；橡塑电缆外护套、内衬层的绝缘电阻不低于 $0.5\Omega/km$；测量绝缘用绝缘电阻表的选择：电缆绝缘测量宜采用 2500V 绝缘电阻表，6/6kV 及以上电缆也可用 5000V 绝缘电阻表；橡塑电缆外护套、内衬层的测量用 500V 绝缘电阻表。

（3）橡塑电缆优先采用 20~300Hz 交流耐压试验，耐压试验电压和时间，符合表 5-2 要求。

表 5-2　　　　　橡塑电缆 20Hz～300Hz 交流耐压试验电压和时间

额定电压 U_0/U	试验电压	时间（min）
18/30kV 及以下	$2U_0$	15（或 60）
21/35kV~64/110kV	$2U_0$	60
127/220kV	$1.7U_0$ 或（$1.4U_0$）	60
190/330kV	$1.7U_0$ 或（$1.3U_0$）	60
290/500kV	$1.7U_0$ 或（$1.1U_0$）	60

（4）检查电缆线路两端相位应一致，并与电网相位相符合。

（5）电缆试验前，电缆试验作业指导书应报审，并经批准；电缆试验作业指导书已经过安全技术交底。

（6）试验过程中，监理及施工单位质检人员应进行旁站监督，并留有相应的影像资料。

TB-144：电力电缆终端的制作不规范

（一）通病现象

电缆的终端头制作未按规范要求进行施工：电力电缆终端头制作时，剥取的长度太短，紧固安装时电缆鼻子受力较大，易发生松脱、断裂现象，在运行过程中存在事故隐患；电力电缆终端头制作时，主绝缘的应力锥制作不规范，导致运行时磁场分布不均匀，造成长期运行时出现事故隐患；成品保护和施工作业不规范，冷缩终端头划伤、破损，为后期的长期稳定运行留下事故隐患。

（二）原因分析

（1）未按规范要求进行电力电缆终端头施工工艺施工。

（2）方案措施编制不全或错误，交底工作不彻底或未交底。

（3）相关单位未按规范要求进行质量监检工作。

（三）预防治理措施

（1）现场施工必须按规范要求的施工艺进行作业，符合《电气装置安装工程电缆线路施工及验收规范》（GB 50168）要求。

（2）电缆终端与接头的制作，应由经过培训的熟练工人进行。

（3）制作电缆终端及接头前，应按设计文件和产品技术文件的要求做好检查，电缆绝缘状态良好，无受潮；电缆内不得进水。附件规格应与电缆一致，型号符合设计要求；零部件应齐全无损伤，绝缘材料不得受潮；附件材料应在有效贮存期内。壳体结构附件，应预先组装，清洁内壁，密封检查，结构尺寸应符合产品技术文件要求。施工用机具清洁、齐全，便于操作；消耗材料齐备，塑料绝缘表面的清洁材料应符合产品技术规范的要求。

（4）制作电缆终端与接头，从剥切电缆开始应连续操作直至完成，应缩短电缆绝缘暴露时间。剥切电缆时不应损伤线芯和保留的绝缘层、半导电屏蔽层，外护套层、金属屏蔽层、铠装层、半导电屏蔽层和绝缘层剥切尺寸应符合产品技术文件的要求。附加绝缘的包绕、装配、热缩应保持清洁。

（5）电缆终端的制作安装应按产品技术文件的要求做好导体连接、应力处理部件的安装，并应做好密封防潮、机械保护等措施。

（6）电缆应力锥的制作：采用改变电缆端头屏蔽断口处的几何形状，以达到改善电场分布的目的。电缆端头屏蔽断口处一定要切削整齐、坡度平缓，尽量保证电场分布的均匀。

第二节　杆塔基础工程

适用于风电工程集电线路铁塔基础工程质量通病防治。

TB-145：基坑深度超挖、欠挖

（一）通病现象

基础坑开挖完成后，坑深不符合设计及施工验收规范要求，超深或深度不足，如图5-3所示。

（二）原因分析

（1）坑深数据计算错误。

（2）坑深基准中心桩、辅助桩移动或损坏。

（3）基坑开挖过程中，未对坑深数据进行测量。

图 5-3　基坑深度超挖、欠挖

（三）预防治理措施

（1）基坑开挖前设专人对基础中心桩、辅桩桩进行二次复核，确认桩位高程基准点准确。

（2）遇特殊地质条件，开挖前应将基础中心桩引出，并对辅助桩进行保护。

（3）基坑开挖应设专人检查基础坑的深度，及时测量，防止出现超深或欠挖现象。

TB-146：基础混凝土质量通病

（一）通病现象

混凝土麻面：基础混凝土局部缺浆粗糙、有许多小凹坑、麻点、气泡，但混凝土表面无钢筋外露现象。基础混凝土蜂窝、孔洞：混凝土表面缺少水泥砂浆而形成石子外漏、混凝土局部酥松、石子之间出现空隙以及蜂窝状的孔洞，但混凝土表面无钢筋外露现象。基础混凝土漏筋：混凝土中孔穴深度和长度均超过了保护层厚度，导致混凝土中的钢筋未被混凝土包裹而外漏，如图 5-4 ～ 图 5-6 所示。

图 5-4　铁塔基础混凝土麻面

图 5-5　铁塔基础混凝土蜂窝、孔洞

（二）原因分析

（1）模板表面粗糙或清理不干净，粘有干硬水泥砂浆等杂物，造成拆模时混凝土表面被粘损，出现麻面。

（2）钢模板脱模剂涂刷不均匀或局部漏刷，拆模时混凝土表面粘结模板，引起麻面。

（3）模板接缝拼装不严密，浇筑混凝土时缝隙漏浆，混凝土表面沿模板缝位置出现麻面。

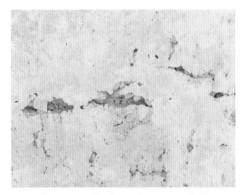

图 5-6　铁塔基础混凝土露筋

（4）混凝土振捣不密实，混凝土中的气泡未排出，一部分停留在模板表面，形成麻点。

（5）混凝土配合比不准确，或砂、石、水泥计量错误，或加水量不准确，造成砂浆少石子多。

（6）混凝土搅拌时间短，搅拌不均匀，混凝土和易性差，振捣不密实。

（7）混凝土一次投料过多，没有分层浇筑，振捣不实或下料与振捣配合不好，因漏振造成蜂窝。

（8）钢筋混凝土构件断面小，钢筋过密，如遇大石子卡在钢筋上水泥浆不能充满钢筋周围，使钢筋密集处产生露筋。

（9）混凝土振捣时，振捣棒撞击钢筋，将钢筋振散发生移位，因而造成露筋。

（三）预防治理措施

（1）模板接缝处应采取粘贴胶带等措施，防止出现跑浆、漏浆现象。

（2）模板表面清理干净，不得粘有干硬水泥砂浆等杂物。

（3）脱模剂要涂刷均匀，不得漏刷。

（4）混凝土必须按操作规程分层均匀振捣密实，严防漏振，每层混凝土均应振捣至气泡排除为止。

（5）混凝土搅拌时严格控制配合比，经常检查，确保材料计量准确。

（6）混凝土自由倾落高度不得超过 2m，如超过 2m 高度时应采用串筒溜槽等措施投料。

（7）混凝土应分层捣固，采用插入式振捣棒时混凝土的浇筑高度应不超过振捣棒作用部分长度的 1.25 倍。

（8）振捣混凝土时，振捣棒移动间距不应大于其作用半径的 1.5 倍，振捣棒至模板的距离不应大于振捣棒有效作用半径的 1/2。

（9）浇筑混凝土时，应经常观察模板、顶木、堵缝情况，如发现顶木脱落、模板接缝漏浆、模板变形等情况出现，<u>应立即停止浇筑</u>，待问题处理完毕后方可继续振捣、浇筑。

（10）钢筋混凝土结构钢筋较密集时，要选配适当石子，以免石子过大卡在钢筋处，普通混凝土难以浇灌时，可采用细石混凝土。

（11）混凝土振捣时严禁振动钢筋，防止钢筋变形位移。

TB-147：基础顶面平整度超标

（一）通病现象

基础顶面不平整，呈高低起伏现象；顶面未按照设计要求抹成斜面，导致塔脚板与基础顶面接触不紧密，如图 5-7 所示。

图 5-7　铁塔基础顶面不平整

（二）原因分析

（1）混凝土初凝前，未对基础顶面未进行抹平操作。

（2）未进行表面平整度检查。

（3）转角或耐张塔基础预偏值不符合设计规范要求，顶面未抹成斜面。

（三）预防治理措施

（1）严格按照工艺标准施工，设专人对基础顶面进行抹平操作。

（2）严格控制基础顶面高差，按设计要求进行转角或耐张基础预偏，顶面抹成斜面。

TB-148：基础立柱扭曲、变形

（一）通病现象

基础立柱倾斜、扭曲变形，主要表现为基础侧面不垂直，有不同程度的凹凸现象，基础四面呈菱形或不规则形状，如图 5-8 所示。

（二）原因分析

（1）模板不合格，模板存在质量缺陷。

（2）立柱模板外侧抱箍安装位置不合理或连接不牢固。

图 5-8　基坑立柱扭曲、变形

（3）模板支顶不合理，连接不牢固，在混凝土浇制过程当中出现顶木脱落、模板移位、涨模等情况。

（三）预防治理措施

（1）应选用刚性模板，模板应能可靠地承受浇筑混凝土的重量和侧压力。

（2）模板使用前检查模板的质量，禁止使用不合格的模板。

（3）施工使用基础模板应有足够的强度、刚度、平整度，应对其支撑强度和稳定性进行计算。

（4）选择合理的顶木支顶位置，顶木的坑壁侧应略低于模板侧；采取增大坑壁侧顶木受力面积的措施，顶木支顶牢固。

（5）根据立柱断面的大小及高度，在模板外侧加设牢固的柱箍。

TB-149：地脚螺栓与基础不同心

（一）通病现象

地脚螺栓中心与基础中心未在一个中心点上，偏差超过 10mm，如图 5-9 所示。

图 5-9　地脚螺栓与基础不同心

（二）原因分析

（1）地脚螺栓固定不牢固或未固定，支模找正数据存在偏差。

（2）混凝土下料不均匀，导致地脚螺栓受力不均与基础立柱不同心。

（3）模板规格尺寸错误，模板不规则。

（三）预防治理措施

（1）地脚螺栓样板与基础模板应固定牢固、可靠。

（2）浇制前，应设专人对支模找正数据进行检查；浇筑过程中，注意检测控制。

（3）基础浇制时，应多方位均匀下料，防止地脚螺栓受力不均与基础立柱不同心。

（4）浇筑完毕后，应立即检查中心偏差及根开尺寸。

（5）模板规格尺寸应符合设计要求。

第三节　杆塔组立工程

一、铁塔组立工程质量通病及防治措施

适用于风电工程集电线路铁塔组立工程质量通病防治。

TB-150：铁塔构件变形、磨损

（一）通病现象

铁塔构件出现弯曲变形现象，构件表面存在锌层磨损、掉皮脱落现象，如图5-10所示。

图 5-10　铁塔构件变形、磨损

（二）原因分析

（1）塔材吊点未设置保护措施或吊点位置错误导致。

（2）塔材的运输和装卸未采取措施导致磨损、变形。

（3）施工时未对塔材进行防护，钢丝绳同铁塔直接接触。

（4）野蛮施工、强行组装导致塔材变形。

（三）预防治理措施

（1）合理布置吊点位置，吊点处垫小方木或麻包片隔垫或采用挂胶钢丝绳。

（2）塔材运输车要安装专用运输架，防止运输中出现变形情况；塔材装卸时，要采用吊装带进行，严禁采用钢丝绳直接进行装卸。

（3）加强现场施工巡查，地面转向滑车严禁直接利用塔腿代替地锚使用，应设专用卡具。

（4）铁塔组装过程中发生构件连接困难时，要认真分析问题的原因，严禁强行组装造成构件变形。

TB-151：铁塔构件镀锌较差、锈蚀

（一）通病现象

铁塔构件镀锌不饱满，缺锌，锌层厚度不达标，附着力差存在脱层、锌瘤、锈蚀等现象，如图 5-11 所示。

图 5-11　铁塔构件镀锌较差、锈蚀

（二）原因分析

（1）厂家镀锌质量不合格。

（2）塔材运行过程中锌层受损未处理，后期长期运行出现锈蚀。

（3）构件二次加工，未进行防腐处理。

（4）施工原因导致锌层受损，未进行防腐处理。

（三）预防治理措施

（1）选用镀锌合格的材料，首基铁塔出厂前需进场检查。

（2）塔材进场检验时，应对塔材材质和锌层厚度进行复检。

（3）塔材在装卸、运输及吊装过程中要注意成品保护，如有损伤必须按规范进行处理。

（4）对二次加工构件，必须按规范要求处理锌层破坏部位。

（5）在施工完毕后，各级质检人员要认真检查控制铁塔镀锌层是否受到伤害。

TB-152：铁塔螺栓规格混用

（一）通病现象

相同位置的螺栓使用规格不一致，级配混用；螺栓以大代小或以小代大，螺栓的外露扣长度不相同；单螺母露扣小于两个螺距，双螺母未露扣，如图 5-12 所示。

图 5-12　铁塔螺栓规格混用

（二）原因分析

（1）施工人员不熟悉图纸、技术水平低，没有按图纸安装螺栓。

（2）螺栓堆放混乱，未分类，使用错误。

（3）进场螺栓与图纸要求不符。

（4）代用螺栓未及时更换。

（三）预防治理措施

（1）加强施工人员的技术培训和岗位培训，能熟练看懂图纸，明确设计要求。

（2）杆塔组立现场，应采用有标识的容器将螺栓进行分类，防止因螺栓混放造成错用。

（3）应设专人按设计图纸及验收规范，核对螺栓等级、规格和数量，匹配使用。

（4）出厂前铁塔必须进行试组装，并与设计图纸核对螺栓数量和规格，保证送到施工现场的铁塔螺栓数量和规格准确无误。

（5）对因特殊原因临时代用的螺栓做好记录并及时更换。

TB-153：螺栓穿向错误

（一）通病现象

同一水平面、同一联板杆塔螺栓穿向随意、混乱，未按照施工及验收规范要求穿入方向进行安装，如图 5-13 所示。

（二）原因分析

（1）施工交底不清，交底未明确对螺栓安装的要求。

（2）施工人员质量意识不强。

（3）施工技术、质检人员监督管理不到位。

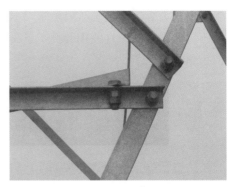

图 5-13　螺栓穿向错误

（三）预防治理措施

（1）在施工交底中明确强调对螺栓穿向安装的要求。

（2）加强对施工人员的工艺质量培训。

TB-154：螺栓紧固率不足

（一）通病现象

铁塔螺母未安装到位，螺母没有与杆塔紧密接触，紧固力矩不满足规范要求。防盗母、防松罩紧未安装到位，没有与第一颗螺母紧密接触，紧固力矩较小，起不到防止螺母自卸功能。架线前铁塔螺栓紧固率小于 95%，架线后铁塔螺栓紧固率小于 97%，如图 5-14 所示。

图 5-14　螺栓紧固率不足

（二）原因分析

（1）施工交底不清，交底未明确对螺栓紧固力矩的要求。

（2）未采用专用工具，紧固工艺错误，存在漏紧现象。

（3）施工人员质量意识不强，施工技术、质检人员监督管理不到位。

（三）预防治理措施

（1）在施工交底中明确强调对螺栓紧固的要求，螺栓紧固时其最大力矩不宜大于紧固力矩最小值的120%。

（2）紧固螺栓宜使用套筒工具，应检查螺帽底部光洁度，采取防止螺杆转动的措施。

（3）螺栓紧固时应严格责任制，实行质量跟踪制度。

（4）由专人采用力矩扳手进行检查及验收。

TB-155：防盗螺母、防松罩缺失

（一）通病现象

防盗螺母、防松罩安装高度、位置及数量不符合设计图纸要求，防盗母、防松罩有缺漏现象，如图5-15所示。

图5-15　防盗母、防松罩安装质量通病

（二）原因分析

（1）施工交底不清，交底未明确防盗螺母、防松罩的安装要求。

（2）施工人员质量意识不强，没有使用专用工具进行紧固。

（3）施工技术、质检人员监督管理不到位，未按设计图纸核对防盗螺母、防松罩规格、等级和数量。

（三）预防治理措施

（1）在施工交底中明确强调对防盗螺母、防松罩安装的要求。

（2）配备满足安装要求的活动扳手紧固防盗螺母、防松罩。

（3）按设计图纸要求对防盗螺母、防松罩的安装进行验收。

TB-156：脚钉弯钩朝向不一致、外露扣

（一）通病现象

铁塔安装脚钉弯钩朝向混乱，且与主材方向不一致；脚钉备母外侧螺丝露扣，无法确保脚钉长期使用紧固力矩，如图 5-16、图 5-17 所示。

图 5-16　脚钉弯钩朝向不一致　　　　图 5-17　脚钉外露扣

（二）原因分析

（1）施工交底不清，交底未明确脚钉安装要求。

（2）施工人员质量意识不强。

（3）脚钉安装工艺错误，紧固方式不正确导致。

（三）预防治理措施

（1）在施工交底中明确强调脚钉安装朝向的要求，脚钉备母外侧螺丝不得露扣，确保脚钉紧固。

（2）脚钉安装时应严格责任制，实行质量跟踪制度。

（3）先紧固脚钉备母至脚钉无外露丝，然后在紧固铁塔另一侧螺母至规定力矩。

TB-157：垫块、垫圈安装不规范

（一）通病现象

交叉铁处所用垫块、垫圈与间隙不匹配，垫圈代替垫块使用或未安装垫块，垫圈使用数量超过 2 个，单孔垫块代替双孔垫块，如图 5-18 所示。

（二）原因分析

（1）施工交底不清，交底未明确使用安装要求。

（2）施工现场铁塔垫圈、垫块规格错误或数量不足。

（3）未进行材料标识和分类存放，导致使用安装错误。

图 5-18 垫块、垫圈安装质量

（三）预防治理措施

（1）交叉铁所用垫块要与间隙相匹配，使用垫片时不得超过 2 个。

（2）按设计图纸核对垫圈、垫块规格、数量后发放。

（3）铁塔组立现场，施工人员应把垫圈与垫块采用由标识的容器进行分类，防止混用造成不匹配。

TB-158：主材与塔脚板安装存在缝隙

（一）通病现象

铁塔主材与塔脚板安装连接不密实，存在缝隙，未封堵防水，如图 5-19 所示。

图 5-19 主材与塔脚板连接不紧密

（二）原因分析

（1）铁塔基础几何尺寸超差，施工安装工艺错误。

（2）构件加工存在质量缺陷，眼距存在加工误差，螺栓无法垂直安装。

（3）安装工艺错误，螺栓未及时紧固即进行一下段塔材的组装。

（三）预防治理措施

（1）铁塔组立前，应对基础各部几何尺寸进行检查，确认无误后方可组立施工。

（2）加强材料现场验收管理，不合格的材料禁止进入现场。

（3）提升抱杆前须将组装好塔段的螺栓全部紧固，防止受力后出现变形。

（4）铁塔组装过程中发生构件连接不上时，要认真分析问题的原因，严禁强行组装造成构件变形。

（5）塔脚板与铁塔主材应贴合紧密，有缝隙时用防水密封胶进行封堵。

二、混凝土电杆组立工程质量通病及防治措施

适用于风电工程集电线路混凝土电杆组立质量通病防治。

TB-159：地锚坑回填土沉降

（一）通病现象

地锚坑回填位置错误；回填土不密实，且低于原始地面；存在不均匀沉降、凹陷等现象，如图 5-20 所示。

图 5-20　地锚坑回填质量通病

（二）原因分析

（1）回填土未按规范要求进行夯实处理，且地面以上部分未筑防沉层。

（2）回填土中石块含量超标或冻土未进行解冻处理。

（3）回填土宽度小于坑口宽度或回填土位置错误，回填土未覆盖坑体。

（三）预防治理措施

（1）基坑每回填 300mm 夯实一次，或在坑口地面上筑不小于 300mm 高的防沉层。

（2）石坑回填应以石子与土按 3∶1 掺和后回填夯实，对于冻土回填时应将

坑内冰雪清除干净。

（3）防沉层应平整规范，其宽度不小于坑口宽度。

TB-160：混凝土杆螺栓双螺母安装不规范

（一）通病现象

混凝土电杆双螺母未紧固到位，未安装双螺母，双螺母未出丝扣，没有与第一颗螺母紧密接触，如图5-21所示。

（二）原因分析

（1）施工交底不清，交底未明确对螺栓紧固力矩的要求。

（2）未采用专用工具，紧固工艺错误，存在漏紧现象。

（3）施工人员质量意识不强，施工技术、质检人员监督管理不到位。

图5-21　混凝土杆螺栓双螺母未拧紧

（三）预防治理措施

（1）在施工交底中明确强调对螺栓紧固的要求。

（2）紧固螺栓宜使用专用工具，应检查螺帽底部光洁度，采取防止螺杆转动的措施。

（3）螺栓紧固时应严格责任制，实行质量跟踪制度。

TB-161：混凝土杆结构倾斜

（一）通病现象

混凝土电杆安装后出现倾斜、扭曲、迈步等现象，紧线后向受力侧倾斜，如图5-22所示。

（二）原因分析

（1）混凝土杆焊接质量工艺错误，出现杆身弯曲现象。

（2）混凝土电杆坑深及根开尺寸错误。

（3）混凝土电杆拉线受力不一致。

（4）组装及紧线施工工艺错误，螺栓未及时紧固。

（三）预防治理措施

（1）混凝土杆排焊时杆段支垫要稳固、可靠，混凝土电杆整体弯曲不超过2‰。

（2）基坑开挖前设置辅助桩进行测量放线，立杆前应对根开及坑深尺寸进行复查。

图 5-22　混凝土杆倾斜

（3）按照设计图纸布置拉线位置及数量，调整拉线两侧受力应一致、均匀，架线后应对全部拉线进行复查和调整。

（4）严格按图组装，并随时注意检查部件的规格、尺寸有无变形情况；紧线施工逐相调节并安装反向拉线。

TB-162：拉线安装质量问题

（一）通病现象

混凝土电杆拉线 UT 线夹螺栓未预留出 1/2 螺杆丝扣长度，导致拉线无调整余量。混凝土电杆拉线 UT 线夹未安装防盗螺母或防盗碗，不符合规范要求的拉线的下部调整螺栓应采用防盗螺栓的要求。拉线弯曲部分有明显松股，拉线断头处与拉线主线未可靠固定，线夹处露出的尾线长度不足 300mm，尾线回头后未与本线应扎牢，如图 5-23 ～ 图 5-25 所示。

（二）原因分析

（1）施工技术交底不清，交底未明确拉线 UT 线夹安装、防盗措施的要求。

（2）未采用紧线器进行收紧画印，画印弯曲位置不正确。

（三）预防治理措施

（1）交底应明确安装要求，UT 线夹螺栓需留 1/2 螺杆丝扣长作日后调整拉线用。

（2）拉线的收紧要用紧线器进行，计算好金具长度后再进行画印，画印应沿拉线受力方向拉。

（3）铁线的绑扎要求：尾线应露出线夹 300～500mm，用直径 2mm 镀锌铁线与主拉线绑扎 40mm，每圈铁丝都扎紧且无缝隙；设计绑扎 2 道，尾线头剩出 20～30mm。

 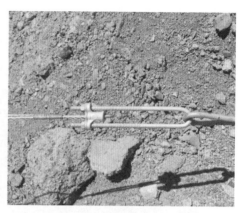

图 5-23　拉线 UT 线夹无预留调节　　图 5-24　UT 线夹未设置防盗措施

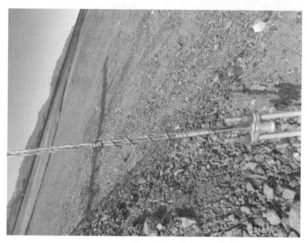

图 5-25　拉线尾部绑扎不规范

第四节　架线工程

一、导地线（含光缆）展放质量通病及防治措施

适用于风电工程集电线路架线工程导地线（含光缆）展放质量通病防治。

TB-163：导线磨损

（一）通病现象

导线铝股磨伤，在导线的表面出现毛刺、划痕或断股现象，如图 5-26 所示。

（二）原因分析

（1）导线在展放过程中与地面直接接触。

图 5-26　导线磨损

（2）锚线绳、钢丝绳或工器具与导线发生摩擦。

（3）装卸、运输导线过程中未采取保护措施。

（4）导线展放过程中，与线轴盘边沿发生摩擦。

（三）预防治理措施

（1）在导线不能脱离的地面和跨越架位置采取有效的防磨措施。

（2）在锚线绳与导线相磨部位加装胶皮护套，避免导线与锚线绳直接接触。

（3）合理布置附件安装工器具，在导线与工器具相磨部位采取有效的防磨措施。

（4）装卸、运输导线过程中应采取保护措施，防止导线磨损和碰伤。

（5）放线时应保证线轴出线导线展放方向在一条直线上，展放时设专人进行看护，防止导线与线轴盘边沿发生摩擦。

TB-164：导地线、光缆弧垂超差

（一）通病现象

导线在紧线时弧垂偏差超过规范规定 +5%～-2.5% 的标准，各相导线相间弧垂偏差超过 200mm。地线、光缆在紧线时弧垂偏差超过规范要求，地线、光缆对导线线间距离不满足规范及图纸要求，如图 5-27、图 5-28 所示。

（二）原因分析

（1）放线滑车在紧线时出现卡阻现象，转动不灵活。

（2）弧垂表计算有误或未按照温度进行观测。

（3）断线画印位置错误或标识不清，导致断线位置错误。

（4）观测方法不正确，紧线后未对弧垂值复查。

（5）恶劣天气造成的弧垂误差。

图 5-27　导线相间弧垂超差　　图 5-28　地线、光缆弧垂超差

（三）预防治理措施

（1）放线滑车使用前要检查保养，保证转动灵活，消除其对导线弧垂的影响。

（2）弧垂观测前应复查弧垂数值表，现场配备温度计，按现场温度进行观测。

（3）画印及断线位置应标识清楚、准确。

（4）紧线时采用塔上弛度观测仪和经纬仪，进行多档观测控制；挂线后，对主要档进行复测、调整。

（5）避免在较恶劣的天气紧线。

二、导地线压接工程质量通病及防治措施

适用于风电工程集电线路架线工程导地线压接质量通病防治。

TB-165：耐张管管口导线散股

（一）通病现象

压接管管口导线松股，导线外层的铝股之间出现间隙或导线层与层之间出现间隙，如图 5-29 所示。

图 5-29　耐张管管口导线散股

（二）原因分析

（1）耐张管穿管旋转方向与导线绞制方向不一致，导线散股未采取恢复措施。

（2）压接前没有采取防止压接管口导线散股的措施。

（3）压接前没有将压接管口附近的导线调直。

（三）预防治理措施

（1）严格按照施工工艺施工，耐张管旋转方向应与导线绞制方向一致。

（2）压接前，应对管口导线采用绑扎铝线防止散股措施。

（3）穿管前，应将压接管出口附近 2m 的导线调直。

TB-166：耐张管铝件飞边、毛刺

（一）通病现象

耐张管铝件受上下模具挤压后，在边缘产生细小的金属毛刺以及飞边现象，未按照规范要求打磨光滑，如图 5-30 所示。

图 5-30 耐张管铝件飞边、毛刺

（二）原因分析

（1）操作人不熟悉施工工艺，未按照规范要求进行压接作业。

（2）压接操作时，相邻模未重叠或重叠长度不满足要求。

（3）铝管压接完成后，未对飞边、毛刺进行清理。

（三）预防治理措施

（1）操作人员必须由经过培训，并考试合格的技术人员担任，操作时必须按规范施工。

（2）施压时，液压机两侧管、线要抬平扶正，保证压接管的平、正，压接后接续管棱角顺直。

（3）液压操作时，相邻两压模应有部分重叠，铝管相邻两模重叠压接不应少于 10mm。

（4）铝管压完后有飞边时，应将飞边锉掉，铝管应锉成圆弧状，并用细砂纸将锉边处磨光。

TB-167：耐张管弯曲超标

（一）通病现象

耐张管压接后有明显弯曲，且超过 2%L，如图 5-31 所示。

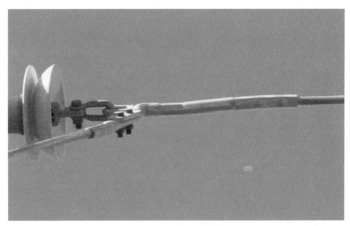

图 5-31　耐张管弯曲

（二）原因分析

（1）压接后未对弯曲度进行检查，或发现弯曲后并未采取校直措施。

（2）压接人员无证操作。

（3）压接操作地面不平整。

（4）模具规格错误，压接前未调直管口两端的导线，压钳两端导线高低不一，压接管与压钳扭曲。

（三）预防治理措施

（1）压接后应检查弯曲度，有明显弯曲时应校直，校直后如有裂纹应割断重接。

（2）压接人员业务熟练、有压接施工作业操作证。

（3）在进入放线施工前，应集中所有的压接施工人员进行培训和试压，避免压接施工人员因时间长没有接触而出现失误。

（4）压接场地应保证压钳放置平稳。

（5）使用配套的模具，压钳调直管口两端的导线，使压钳两端导线高低一致。

三、附件安装质量通病及防治措施

适用于风电工程集电线路架线工程附件安装质量通病防治。

TB-168："T"接引线安装质量不规范

（一）通病现象

"T"接引线安装应力过大；"T"接引线过长，弧垂偏大；"T"接引线端头未做防散头处理；"T"接弯曲半径较小，出现散股现象，如图 5-32 ～ 图 5-35 所示。

图 5-32　"T"接引线安装应力过大　　图 5-33　"T"接引线安装
弧垂过大

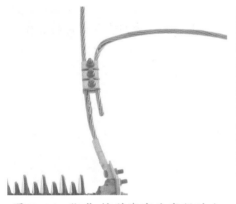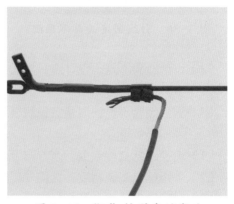

图 5-34　"T"接引线弯曲半径过小　　图 5-35　"T"接引末端散头

（二）原因分析

（1）交底未落实到位，交底未明确安装工艺要求。

（2）施工经验不足，施工人员质量意识较差。

（3）未落实三级验收。

（4）金具选用型式及安装位置导致。

（三）预防治理措施

（1）严格执行交底制度，使施工人员掌握施工工艺要求。

（2）加强施工人员的培训。

（3）施工安装严格责任制，实行质量跟踪制度。

（4）安装前应详细审查设计图纸，采用试点安装制度，提前发现问题并
处理。

TB-169："T"接引线固定不牢固

（一）通病现象

支柱绝缘子固定夹具、螺栓规格与"T"接引线截面不匹配，螺母未拧紧到位；"T"接引线与绝缘子采用铝丝绑扎的方式，如图5-36、图5-37所示。

图5-36　引线固定夹具不匹配　　图5-37　采用绑扎固定的引线

（二）原因分析

（1）设计经验不足，设计金具形式错误。

（2）金具采购型号错误。

（3）施工经验不足，质量意识淡漠。

（三）预防治理措施

（1）加强图纸会检制度，多方图纸会审。

（2）采用试点安装制度，提前发现问题并处理。

（3）对购置现场的金具材料进行检查，确认合格后方可入场。

（4）加强施工人员的交底、培训工作，提升施工人员质量意识。

TB-170：地线耐张串安装质量不规范

（一）通病现象

架空地线耐张楔形线夹尾线与主线未进行固定；固定方式为单点固定，未按设计图纸要求安装接地引线，如图5-38、图5-39所示。

（二）原因分析

（1）交底未落实到位，未明确安装工艺要求。

（2）施工经验不足，施工人员质量意识较差。

（3）未落实三级验收。

（三）预防治理措施

（1）严格执行交底制度，使施工人员掌握施工工艺要求。

（2）加强施工人员的培训。

图 5-38　线夹尾线未固定　　　　　图 5-39　线夹尾线单点固定

（3）施工安装严格责任制，实行质量跟踪制度。

TB-171：进站光缆放电间隙数值超差

（一）通病现象

进站架构 OPGW 光缆耐张串招弧角放电间隙未分开，招弧角放电间隙数值过大，招弧角与瓷瓶连接未紧固，如图 5-40 所示。

（二）原因分析

（1）施工交底不清，交底未明确对招弧角放电间隙安装的要求。

（2）施工人员质量意识不强。

（3）施工技术人员、质量检查人员监督管理不到位。

图 5-40　进站光缆放电间隙数值超差

（4）耐张串绝缘子或招弧角规格错误。

（5）招弧角放电间隙的调整没有测量工具。

（三）预防治理措施

（1）在施工交底中明确强调对招弧角放电安装的要求。

（2）施工技术人员、质量人员组织对招弧角安装施工专项检查。

（3）加强物资材料入场前、安装前检查工作。

（4）放电间隙的安装，应使用专用模具，控制不大于 ±2mm。

TB-172：杆塔光缆引下线不顺直

（一）通病现象

杆塔光缆未沿主材引下，引下线不顺直，固定间距过大，呈"S"形布置，风摆时与杆塔有摩擦现象，如图 5-41 所示。

（二）原因分析

（1）固定卡具安装数量不满足设计要求，卡具之间距离过大。

（2）卡具固定时，未对光缆理顺，卡具与卡具之间光缆余量过多。

（3）施工人员不熟悉安装工艺标准要求。

（三）预防治理措施

（1）每隔 1.5~2m 安装一个固定卡具，防止光缆与杆塔发生摩擦；引线要自然顺畅，两固定线夹的引线要拉紧。

（2）卡具固定前，应首先将光缆理顺，从上到下依次固定。

图 5-41　杆塔光缆引下线不顺直

（3）对施工人员进行交底培训，下引线安装完成后，应再次对引下线进行整形，保证工艺美观。

TB-173：光缆余缆缠绕松散

（一）通病现象

光缆余缆缠绕松散、混乱；弯曲半径小于 40 倍光缆直径，且盘圈大小不一；在出入余缆架口有硬弯、折角现象；与余缆架未进行牢固的绑扎、固定，如图 5-42 所示。

（二）原因分析

（1）施工交底不清，交底未明确对光缆余缆缠绕、固定的要求。

（2）施工人员质量意识不强。

（3）施工技术人员、质量检查人员监督管理不到位。

图 5-42　光缆余缆缠绕松散

（4）物资材料不齐全，没有绑扎固定。

（三）预防治理措施

（1）在施工交底中明确强调对光缆余缆的缠绕、固定要求，规定余缆要按线的自然弯盘入余缆架，将余缆固定在余缆架上，固定点不少于 4 处。

（2）组织施工人员进行相关培训，建立相关的监控考核制度。

（3）施工技术人员、质量人员组织对安装施工进行专项检查。

（4）加强物资材料入场前、安装前检查工作，确保物资材料齐全。

TB-174：接续盒固定位置低于余缆架

（一）通病现象

接续盒安装位置低于余缆架，进出接续盒光缆受力扭曲，安装工艺不美观，如图 5-43 所示。

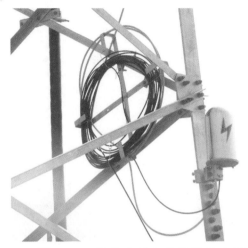

图 5-43　接续盒固定位置低于余缆架

（二）原因分析

（1）交底未落实到位，交底未明确安装工艺要求。

（2）施工经验不足，施工人员质量意识较差。

（3）未落实三级验收。

（三）预防治理措施

（1）严格执行交底制度，使施工人员掌握施工工艺要求。

（2）加强施工人员的培训，采用试点安装制度，提前发现问题并处理。

（3）施工安装严格责任制，实行质量跟踪制度。

（4）接续盒安装位置应高于余缆架 1m 以上，以利 OPGW 接入。

TB-175：导线跳线工艺不美观

（一）通病现象

导线跳线引流工艺不美观，未呈近似悬链线状自然下垂，跳线弧垂过大、过小，电气安全间距不满足设计图纸要求，如图 5-44 所示。

（二）原因分析

（1）使用受过应力的导线或导线有损伤现象。

（2）跳线长度未进行实测，弧垂过大或过小，不符合设计图纸要求。

（3）跳线安装后未进行检查，未理顺导线。

（三）预防治理措施

（1）跳线用材必须用未受力的导线制作，凡有扭曲、松股、磨伤、断股等现象的，均不得使用。

（2）跳线必须按设计弧垂进行现场实测确定。

（3）跳线安装后必须进行检查，保证工艺美观。

TB-176：导线跳线搭接不规范

（一）通病现象

导线跳线连接使用一只并沟线夹，搭接位置及搭接长度不符合设计图纸要求，如图5-45所示。

图5-44　导线跳线工艺不美观

图5-45　导线跳线连接不规范

（二）原因分析

（1）交底未落实到位，交底未明确跳线连接工艺要求。

（2）连接金具数量不足，未落实三级验收。

（3）不熟悉设计图纸要求。

（4）断线错误，未测量搭接长度。

（三）预防治理措施

（1）严格执行交底制度，使施工人员掌握施工工艺要求。

（2）加强物资配置检查，对施工安装严格责任制，实行质量跟踪制度。

（3）安装前应详细审查设计图纸，采用试点安装制度，提前发现问题并处理。

（4）断线前应由专人负责测量尺寸，预留足够长度搭接长度。

TB-177：耐张预绞丝端头未安装到位

（一）通病现象

耐张预绞丝或护线条端头呈松散状、未缠绕安装到位，如图 5-46 所示。

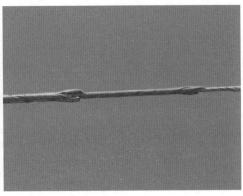

图 5-46 预绞丝及护线条端头未安装到位

（二）原因分析

（1）交底未落实到位，交底未明确预绞丝安装工艺要求。

（2）预绞丝或护线条端头扭曲、变形。

（3）施工工器具配置不齐，端头无法缠绕到位。

（三）预防治理措施

（1）严格执行交底培训制度，使施工人员掌握预绞丝安装工艺要求。

（2）严格按照工艺进行操作，不得使用蛮力扭曲预绞丝或护线条，对扭曲、变形的应进行更换。

（3）操作人员应配置"一"字螺钉旋具及手钳。

TB-178：防振锤预绞丝缠绕变形

（一）通病现象

防振锤预绞丝缠绕松散、非正常受力扭曲、变形，与导线缠绕不紧密，如图 5-47 所示。

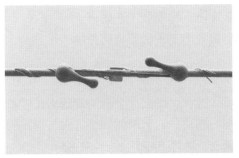

图 5-47 防振锤预绞丝缠绕变形

（二）原因分析

（1）预绞丝质量不合格，有变形、扭曲现象。

（2）缠绕工艺错误，未掌握缠绕标准要求。

（三）预防治理措施

（1）加强材料检查，对不合格材料应做退场处理，严禁使用。

（2）对施工人员进行交底、培训，缠绕时应首先缠绕单丝，从导线一端开始，不能扭成死角，保持平滑弧度。

TB-179：防振锤安装不规范

（一）通病现象

防振锤安装歪斜，未与地面垂直；锤头下垂、防振锤不竖直，大小头朝向不符合设计要求。防振锤安装距离偏差大于 ±30mm，防振锤固定预绞丝与其他金具有碰撞交叉，如图 5-48、图 5-49 所示。

图 5-48　防振锤与导地线未在　　　　图 5-49　防振锤安装距离超标
　　　同一铅垂面

（二）原因分析

（1）交底未落实到位，交底未明确防振锤安装工艺要求。

（2）防振锤安装后未进行检查、调整。

（三）预防治理措施

（1）严格执行交底制度，使施工人员掌握防振锤安装工艺要求。

（2）防振锤安装前进行调直，施工完毕检查施工质量，将防振锤调正。

TB-180：铝包带缠绕不合标

（一）通病现象

未缠绕铝包带，或铝包带缠绕长度过短、过长，线夹、金具两端露出长度不一致；铝包带端头未压回线夹内，铝包带端头翘出；铝包带的缠绕方向与导线的外层铝股绞制方向不一致；铝包带缠绕不紧密，如图 5-50、图 5-51 所示。

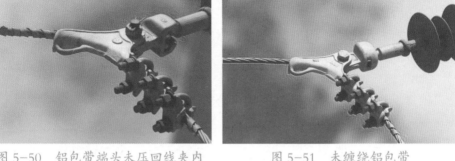

图 5-50　铝包带端头未压回线夹内　　　图 5-51　未缠绕铝包带

（二）原因分析

（1）交底未落实到位，交底未明确铝包带安装工艺要求。

（2）未落实三级验收。

（三）预防治理措施

（1）严格执行交底制度，使施工人员掌握施工工艺要求。

（2）施工安装严格责任制，实行质量跟踪制度，严格验收。

TB-181：电缆接线端子螺栓未镀锡

（一）通病现象

跌落开关或隔离开关处电缆接线端子采用单颗螺栓固定式，且螺栓及附件未采用镀锡防腐处理，如图 5-52 所示。

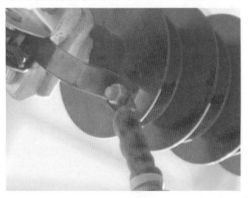

图 5-52　电缆接线端子螺栓未镀锡

（二）原因分析

（1）接线端子、螺栓采购错误，入场及安装前未进行检查。

（2）交底未落实到位，交底未明确接线端子安装、防腐要求。

（3）未落实三级验收。

（三）预防治理措施

（1）加强材料检查，对不合格材料应做退场处理，严禁使用。

（2）严格执行交底制度，使施工人员掌握施工工艺要求。

（3）施工安装严格责任制，实行质量跟踪制度。

TB-182：绝缘子碗口朝向错误

（一）通病现象

绝缘子碗口朝向不一致。使用 W 型弹簧销子时，悬垂串绝缘子碗口没有全部朝向电源侧，耐张串绝缘子碗口没有全部向上；使用 R 型弹簧销子时，悬垂串绝缘子碗口没有全部朝向受电侧，耐张串绝缘子碗口没有全部向下，如图 5-53 所示。

（二）原因分析

（1）交底未落实到位，交底未明确绝缘子碗口朝向要求。

（2）附件安装完毕后没有检查绝缘子的碗口方向。

图 5-53　绝缘子碗口朝向不一致

（3）未落实三级验收。

（三）预防治理措施

（1）加强施工人员的培训，严格执行交底制度，使施工人员掌握施工工艺要求。

（2）附件安装完毕拆除作业工具前，应检查绝缘子的碗口方向，调至统一。

（3）施工安装严格责任制，实行质量跟踪制度。

TB-183：金具螺栓穿向错误

（一）通病现象

金具螺栓穿向不一致，金具上螺栓穿入的方向不符合规范要求，耐张串上的螺栓由下向上穿，如图 5-54 所示。

（二）原因分析

（1）交底未落实到位，交底未明确螺栓穿向工艺要求。

（2）未落实三级验收。

（三）预防治理措施

（1）加强施工人员的培训，严格执行交底制度，使施工人员掌握施工工艺要求。

图 5-54　金具螺栓穿向错误

（2）施工安装严格责任制，实行质量跟踪制度。

TB-184：销子漏装、开口不合格

（一）通病现象

销子安装不齐全，开口销开口角度小于 60°，如图 5-55 所示。

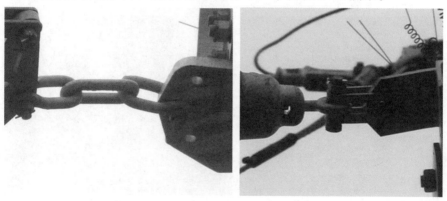

图 5-55　销子漏装、开口不合格

（二）原因分析

（1）交底未落实到位，交底未明确开口销开口工艺要求。

（2）施工人员质量意识差。

（3）销子数量不够。

（4）未落实三级验收。

（三）预防治理措施

（1）严格执行交底制度，使施工人员掌握开口工艺要求。

（2）加强施工人员的培训。

（3）配备足够的销子，考虑增加损耗量。

（4）施工安装严格责任制，实行质量跟踪制度。

TB-185：避雷器未可靠接地

（一）通病现象

避雷器与横担绝缘，未做接地；避雷器接地引线为绑扎，接地不可靠；避雷器连接放电计数器接地引线为裸线，与杆塔构件直接接触；避雷器放电计数器低压侧未做接地，如图 5-56～图 5-59 所示。

图 5-56　避雷器接地端未接地　　　图 5-57　接地引线绑扎、不牢固

图 5-58　接地引线采用裸露铜线　　　图 5-59　避雷器计数器未接地

（二）原因分析

（1）交底未落实到位，交底未明确安装工艺要求。

（2）接地引线规格型号错误。

（3）避雷器型号采购错误，无接地端子。

（4）未落实三级验收。

（三）预防治理措施

（1）严格执行交底制度，使施工人员掌握安装工艺要求。

（2）按照规范要求配置接地引线，接地引线应采用绝缘软铜线。

（3）加强避雷器进场检查，对不合格材料应退场处理。

（4）施工安装严格责任制，实行质量跟踪制度。

TB-186：跌落式熔断器安装高度、相间距离不规范

（一）通病现象

跌落式熔断器安装相间距离过小，不符合施工规范及厂家标准的要求；跌落式熔断器安装高度小于规范要求，对地距离过近；跌落式熔断器安装高度过高，导致操作不便，如图 5-60、图 5-61 所示。

图 5-60　跌落式熔断器安装相间
距离不规范

图 5-61　跌落式熔断器安装
高度不规范

（二）原因分析

（1）交底未落实到位，交底未明确安装工艺要求。

（2）施工人员质量意识较差。

（3）未落实三级验收。

（三）预防治理措施

（1）严格执行交底制度，使施工人员掌握安装工艺要求。

（2）加强施工人员的培训。

（3）施工安装严格责任制，实行质量跟踪制度。

第五节　接地工程

适用于风电工程集电线路杆塔接地工程质量通病防治。

TB-187：电杆横担未做可靠接地

（一）通病现象

电杆电气设备横担与接地扁钢未做接地连接；或只连接一端，未做两端接地；连接方式不可靠，如图 5-62 所示。

（二）原因分析

（1）交底未落实到位，交底未明确电杆横担接地安装的要求。

（2）施工人员质量意识差。

（3）施工技术、质量检查人员监督管理不到位。

（4）缺少接地跨接线或无接地预留安装孔。

（三）预防治理措施

（1）在施工交底中明确强调对电杆横担接地安装的要求。

图 5-62　电杆横担未做可靠接地

（2）组织施工人员进行相关培训，并设立专人进行检查。

（3）施工前对材料进行检查。

TB-188：铁塔接地引下线弯折质量

（一）通病现象

铁塔接地引下线未按照工艺标准制作，未进行弯折或弯折工艺差、不美观；接地引下线不顺直，未紧贴塔腿主材和保护帽。接地引下线有锈蚀现象，弯折部位镀锌层有脱落现象，如图 5-63、图 5-64 所示。

图 5-63　接地引线未按照工艺弯折

图 5-64　接地引下线镀锌层脱落

（二）原因分析

（1）没有使用专用工具进行接地线制弯工作。

（2）接地引下线煨弯工艺错误，造成镀锌层损伤。

（2）接地引下线制弯前没有进行调直。

（三）预防治理措施

（1）使用专用工具进行接地制弯操作。

（2）制弯前将接地引下线调直。

TB-189：铁塔接地孔与接地联板不匹配

（一）通病现象

铁塔接地孔位置过低，低于联板长度或联板尺寸过长，联板与铁塔主材无法紧密贴合；铁塔接地孔为单孔，与接地联板不匹配；铁塔两接地孔孔距与联板孔距不匹配，如图5-65所示。

图5-65 铁塔接地孔与接地联板不匹配

（二）原因分析

（1）铁塔接地孔打孔位置、孔距错误。

（2）接地联板规格尺寸错误。

（3）未对进场材料进行检验，施工技术、质量检查人员监督管理不到位。

（三）预防治理措施

（1）严格审查设计图纸，提前对孔距、位置进行确定。

（2）设立专人对材料进行检验，对不合格材料严禁入场。

（3）设专人检查验收。

TB-190：接地螺栓防松措施不合格

（一）通病现象

接地引下线螺栓未设置防松措施，螺母侧未安装平垫、弹垫；接地螺栓采用防盗螺母；接地螺栓采用点焊焊接，如图5-66所示。

（二）原因分析

（1）交底未落实到位，交底未明确接地螺栓防松的要求。

（2）施工人员质量意识不强。

（3）施工技术、质量检查人员监督管理不到位。

（4）弹垫、平垫配置不齐全。

图 5-66 接地螺栓防松措施不合格

（三）预防治理措施

（1）在施工交底中明确强调接地螺栓防松的要求。

（2）组织施工人员进行相关培训。

（3）设专人检查验收。

（4）设立专人负责在施工前对材料进行检查。

TB-191：接地体焊接质量

（一）通病现象

接地体采用搭接双面焊接时，圆钢搭接长度小于其直径的 6 倍。铁塔接地引下线长度过短，与接地体接头位置位于地面以上。接地体焊接接头未做防腐处理；防腐涂刷有缺漏，未进行二次涂刷；防腐范围不足，未超过焊接接头两端 100mm；防腐材料不合格，如图 5-67 ~ 图 5-69 所示。

图 5-67 接地体焊接长度不足　　图 5-68 接地体焊接防
　　　　　　　　　　　　　　　　　　　　腐措施不到位

图 5-69　铁塔接地引下线外露接头

（二）原因分析

（1）交底未落实到位，交底未明确接地体焊接工艺的要求。

（2）施工人员质量意识不强，材料规格、长度安装前未进行检验。

（3）施工技术、质量检查人员监督管理不到位。

（4）接地体接头位置预留长度不足。

（5）防腐材料不合格，配置不齐全。

（三）预防治理措施

（1）在施工交底中明确强调接地焊接工艺的要求。

（2）组织施工人员进行相关培训。

（3）设专人检查验收。

（4）合理布置接地体，预留足够的搭接长度。

TB-192：接地装置埋深不足

（一）通病现象

接地体距离原始地面埋设深度不符合设计要求，接地引下线靠近基础台附近埋深不符合设计图纸要求，如图 5-70 所示。

图 5-70　接地装置埋深不足

（二）原因分析

（1）接地沟未开挖至设计深度，未考虑接地体弯曲对埋深的影响。

（2）接地沟在倾斜地形未按照等高线开挖。

（3）接地沟坑深测量基准点错误。

（4）接地线未顺直，在接地沟内弯曲，埋设时接地体未处于沟底部。

（5）接地引下线预留长度过短，制弯时将接地引下线上提导致埋设不足。

（三）预防治理措施

（1）接地网地沟开挖时，要充分考虑敷设接地体时出现弯曲的情况，留出深度富余量。

（2）接地沟埋设时碰到倾斜地形宜沿等高线开挖。

（3）接地沟坑深测量基准点应为原始地面。

（4）接地体敷设时要设专人进行监督，接地体要边压平边回填，保证埋深。

（5）准确计算接地引下线外露长度，施工时按技术要求预留接地引下线长度。

第六节　线路防护工程

适用于风电工程集电线路，线路防护工程质量通病防治。

TB-193：保护帽混凝土麻面、棱角损伤、未设置散水面

（一）通病现象

保护帽混凝土表面缺浆粗糙，有许多小凹坑、麻点、气泡。保护帽顶面未按时设计图纸要求设置散水面，如图 5-71~ 图 5-73 所示。

图 5-71　保护帽混凝土麻面　　　图 5-72　保护帽混凝土棱角损伤

图 5-73　保护帽未设置散水面

（二）原因分析

（1）未落实散水面施工要求，保护帽混凝土未进行压实收光。

（2）拆模时方法不正确，野蛮施工。

（3）保护帽模板拼装不严密，表面粘接杂物。

（4）雨天浇筑保护帽，浇筑完成后遭到雨水冲刷。

（三）预防治理措施

（1）设置散水面，保护帽，初凝前压实收光。

（2）保护帽拆模时应保证混凝土表面及棱角不损坏。

（3）保护帽模板表面应平整且接缝严密，表面应涂脱模剂。

（4）做好施工技术交底工作，严禁在雨天浇筑保护帽。

TB-194：护坡、挡墙不满足设计和使用要求

（一）通病现象

护坡、挡墙与基础边缘最小距离小于设计图纸要求值；未设置护坡、挡墙或设置高度、长度不符合设计要求；护坡、挡墙砌筑质量较差，砂浆强度不达标，未按照设计要求设置排水孔，如图 5-74 所示。

图 5-74　护坡、挡墙距离不满足设计要求

（二）原因分析

（1）交底未落实到位，未明确边坡保护距离、排水孔等规格尺寸的要求。

（2）未按照设计图纸要求进行土石方开方，或开方尺寸不足。

（三）预防治理措施

（1）在施工交底中明确强调护坡、挡墙的施工要求，严格按照施工方案进行施工。

（2）降基面时，应按照设计图纸要求尺寸进行开方。

TB-195：线路标识牌固定不可靠

（一）通病现象

集电线路杆号牌、标示牌、警示牌安装不牢固，未采用固定支架固定、采用铁线绑扎或采用螺栓直接固定的方式，如图 5-75 所示。

图 5-75　铁塔标识牌固定不牢固

（二）原因分析

（1）交底未落实到位，交底未明确标识牌固定工艺的要求。

（2）施工人员质量意识不强。

（3）施工技术、质量检查人员监督管理不到位。

（4）未采购固定支架。

（三）预防治理措施

（1）在施工交底中明确强调标识牌固定质量工艺的要求。

（2）组织施工人员进行相关培训。

（3）设专人检查验收。

（4）按照工艺标准要求采购固定支架。

第六章 交通工程

风电场道路由场外道路及场内道路组成，场内道路指风电机组间道路和风电机组与升压站之间的道路。场外道路指利用已有国家、省、市、县、乡镇等级道路和市政道路。本章所述交通工程主要指场内道路，包括场内道路主路、风机吊装平台支路、调转平台支路等道路。山地风电场道路、平台的地形条件复杂、地质条件多样、施工难度大、环保水保及安全防护等标准要求高，且风电场交通工程在电场建设和运行中起着举足轻重的作用，建设质量直接影响到建设期设备运输安全性和运行期检修巡视的便利性。

本章共两节，包含路基、路面、路肩边坡挡墙和排水沟管涵施工，内容涵盖风电场场内道路各个分部分项工程，共计18条质量通病及防治措施案例。

风电场交通工程在施工期间要保证风机基础施工、风机塔筒、叶片、机舱等超长超重车辆的运输和吊装要求。在生产运行期间保证检修、维护工作稳定有序进行。根据《电力工程项目建设用地指标（风电场）》（建标〔2011〕209号）要求，一般场内道路拟采用单车道，路面宽4.5m，路基宽5.5m，一般是砂砾碎石、泥结碎石、山皮石等为路面的简易道路，道路布置尽量沿场地相对平缓的地带进行，以保证路基挖填高度相对较小，填方路基拟采用自然放坡，局部高填路段设置少量路肩挡墙；挖方路基拟采用自然放坡，局部采取边坡支护措施，在满足施工阶段机组重大件运输要求及运行期间风电场检修需要的前提下，遵循因地制宜、就地取材的原则，尽可能利用老路，尽量避免征用农田及农业用地，减少征用林地，重视环境保护，减少水土流失，保障交通工程质量和满足车辆行驶的安全性。

第一节 路面与路基工程

一、路基工程质量通病及防治措施

适用于风电场内道路主路、风机吊装平台支路、调转平台之路等道路路基工程质量通病防治。

TB-196：路基行车带压实度不足

（一）通病现象

风电场道路路基经碾压或夯实后，达不到设计要求的密实度，甚至局部出现"弹簧"现象，如图6-1所示。

图6-1　道路橡皮土"弹簧"现象

（二）原因分析

（1）压实遍数不合理。

（2）压路机质量小。

（3）填土松铺厚度大。

（4）碾压不均匀，局部有漏压现象。

（5）含水量偏离最佳含水量，或超过有效压实规定值，特别是超过最佳含水量两个百分点，造成"弹簧"现象。

（6）没有对上一层表面浮土或松软层进行处治。

（7）土场土质种类多，出现异类土壤混填；尤其是透水性差的土壤包裹透水性好的土壤，形成了水囊，造成弹簧现象。

（8）填土颗粒直径大于10cm，颗粒之间空隙大，或采用不符合要求的填料（液限大于50，塑性指数大于26）。

（三）预防治理措施

（1）清除碾压层下软弱层，换填良性土壤后重新碾压。

（2）对产生"弹簧"的部位，可将其过湿土翻晒，掺和均匀后重新碾压；或挖除换填含水量适宜的良性土壤后重新碾压。

（3）对产生"弹簧"且基于赶工的路段，可掺生石灰粉翻拌，待其含水量适宜后重新碾压。

（4）选用振动压路机配合三轮压路机碾压，保证碾压均匀。压路机应进退有序，碾压轮迹重叠、铺筑段落搭接超压应符合规范要求。

（5）填筑土应在最佳含水量 ±2% 时进行碾压。

（6）当下层因雨松软或干燥起尘时，应彻底处理至压实度符合要求后再进行当前层施工。

（7）优先选择级配较好的粗粒土等作为路堤填料，填料的最小强度应符合规范要求。

（8）不同类的土应分别填筑，不得混填，每种填料累计总厚度一般不宜小于0.6m。

（9）填土应水平分层填筑、分层压实，通常压实厚度不超过 20cm，路床顶面最后一层的最小压实厚度不小于 15cm。

TB-197：路基边缘压实度不足

（一）通病现象

风电场道路路基行车带压实度符合规范要求，但路基边缘密实度达不到设计要求。

（二）原因分析

（1）路基填筑宽度不足，未按超宽填筑要求施工。

（2）压实机具碾压不到边。

（3）路基边缘漏压或压实遍数不够。

（4）采用三轮压路机碾压时，边缘带（0~75cm）碾压频率低于行车带。

（三）预防治理措施

（1）路基施工应按设计要求进行超宽填筑。

（2）控制碾压工艺，保证机具碾压到边。

（3）认真控制碾压顺序，确保轮迹重叠宽度和段落搭接超压长度。

（4）提高路基边缘带压实遍数，确保边缘带碾压频率高于或不低于行车带。

TB-198：路基边坡坍塌、滑坡、雨后冲刷严重

（一）通病现象

风电场道路路基边坡出现较大坍塌、滑坡，雨后冲刷严重，石质边坡塌落、崩塌等。

（二）原因分析

（1）设计对地震、洪水和水位变化影响考虑不充分。

（2）过早削坡而边坡防护工程未能及时跟上。

（3）坡比未按设计和规范要求施工。

（4）未设临时急流槽和拦水埝，路基顶面排水不畅。

（5）每次雨水冲刷后未及时修补路基。

（6）边坡植被不良，没有植被防护。

（7）路基亏坡，整修时采用"贴补法"，致使边坡不密实、两层皮、整体性差。

（8）排水沟边缘距路基坡脚太近。

（9）路基基底存在软土且厚度不均。

（10）换填土清淤不彻底。

（11）填土速度过快，施工沉降观测、侧向位移观测不及时。

（12）路基填筑层有效宽度不够。

（13）用透水性较差的填料填筑路堤处理不当。

（14）未处理好填挖交界。

（15）路基处于陡峭的斜坡面上。

（16）大爆破施工，施工时路堑开挖过深、过陡，或由于切坡使软弱结构面暴露，使边坡岩体推动支撑；由于坡顶不恰当的弃土，增加了坡体重量。

（17）在多年冰冻地区，由于开挖路基，使含有大量冰体的多年冻土溶解，引起路堑边坡坍塌。

（三）预防治理措施

（1）路基设计时，充分考虑使用年限内地震、洪水和水位变化给路基稳定带来的影响。

（2）削坡后边坡防护工程应及时跟上。

（3）按设计要求或加大坡比。

（4）应设临时急流槽和拦水埂，加强地表水、地下水的排除，提高路基的水稳定性。

（5）种植灌木、草皮，强化边坡植被防护。

（6）路基亏坡，整修时开蹬，分层填筑压实，严禁贴补，确保路基整体性和边坡密实。

（7）排水沟边缘距路基坡脚不小于2m。

（8）软土处理要到位，及时发现暗沟、暗塘并妥善处治。

（9）加强沉降观测和侧向位移观测，及时发现滑坡苗头。

（10）掺加稳定剂提高路基层位强度，酌情控制填土速率。

（11）路基填筑过程中严格控制有效宽度。

（12）减轻路基滑体上部重量或采用支挡、锚拉工程维持滑体的力学平衡；同时设置导流、防滑措施，减少洪水对路基的冲刷侵蚀。

（13）原地面坡度大于12%的路段，应采用纵向水平分层法施工，沿纵坡分层，逐层填压密实。

（14）用透水性较差的土填筑于路基下层，应做成4%的双向坡面；如用于填筑上层时，除干燥地区外，不应覆盖在由透水性较好的土所填筑的路堤边坡。

TB-199：路基纵向裂缝

（一）通病现象

风电场道路路基完工后出现纵向裂缝，甚至形成错台。

（二）原因分析

（1）清表、清杂不彻底，路基基底存在软弱层，回填不均匀或压实度不足。

（2）利用旧路段或半挖半填路段，结合部未挖台阶或台阶宽度不足并未压实。

（3）使用渗水性、水稳性差异较大的土石混合料时，错误地采用了纵向分幅填筑。

（三）预防措施

（1）应认真调查现场并彻底清表，消除软弱层，选用水稳性好的材料严格分层回填，严格控制压实度满足设计要求。

（2）半填半挖及旧路利用路段，应严格按规范要求将原地面挖成宽度不小于1.0m的台阶并压实。

（3）渗水性、水稳定性差异较大的土石混合料应分层或分段填筑，不宜纵向分幅填筑。

（4）若遇有软弱层，填土路基完工后应进行超载预压，预防不均匀沉降。

（5）严格控制路基边坡，符合设计要求，杜绝亏坡现象。

（6）对出现沉陷、侧移的路段查明原因，采取相应措施处理，必要时返工。

TB-200：路基横向裂缝

（一）通病现象

路基出现横向裂缝，将会反射至路面基层、面层，如不能有效预防，将会加重地表水对路面结构的损害，影响结构的整体性和耐久性。

（二）原因分析

（1）路基填料直接使用了液限大于50、塑性指数大于26的土。

（2）同一填筑层路基填料混杂，塑性指数相差悬殊。

（3）路基顶填筑层作业段衔接施工工艺不符合规范要求。

（4）路基顶下层平整度填筑层厚度相差悬殊，且最小压实厚度小于8cm。

（三）预防措施

（1）路基填料禁止直接使用液限大于50、塑性指数大于26的土；当选材困难，必须直接使用时，应采取相应的技术措施。

（2）不同种类的土应分层填筑，同一填筑层不得混用。

（3）路基顶填筑层分段作业施工，两段交接处，应按要求处理。

（4）严格控制路基每一填筑层的标高、平整度，确保路基顶填筑层压实厚度不小于 8cm。

TB-201：路基网裂

（一）通病现象

风电场道路施工，开挖路床或填筑路堤后出现网状裂缝，降低了路基强度。

（二）原因分析

（1）土的塑性指数偏高或为膨胀土。

（2）路基碾压时土含水量偏大，且成型后未能及时覆土。

（3）路基压实后养护不到位，表面失水过多。

（4）路基下层土过湿。

（三）预防治理措施

（1）采用合格的填料，或采取掺加石灰、水泥改性处理措施。

（2）选用塑性指数符合规范要求的土填筑路基，控制填土最佳含水量时碾压。

（3）加强养护，避免表面水分过分损失。

（4）认真组织，科学安排，保证设备匹配合理，施工衔接紧凑。

（5）若因下层土过湿，采取换填土或掺加生石灰粉等技术措施处治。

TB-202：高填方路基沉降大

（一）通病现象

风电场道路对高填方路基出现较大沉降。

（二）原因分析

（1）路基填料中混入种植土、腐质土或沼泽土等劣质土，或土中含有未经打碎的大块土或冻土块等；填石路堤石料规格不一、性质不匀或就地爆破堆积，乱石中空隙很大。这样，在一定期限内（例如经过一个雨季）可能产生局部的明显下沉。

（2）填筑顺序不当。高填路堤在填筑时未严格按施工规范要求在全宽范围内分层填筑，填筑厚度不符合规定要求。

（3）压实不足。高填路堤应按规定选配压实机具，按正确的操作规范及要求进行压实操作，确保压实度达到施工规范规定的要求。

（4）在填挖交界处没有挖台阶，导致交界处发生不均匀沉降，或因为原地面与填料结构不同，二者密度、承载能力不同，如填挖交接处软土、腐质土等未清除干净或填筑方式不对及压实不足，就会出现结合部沉降病害。

（5）台后和通道两边高填土下沉，其主要原因是柔性的填土与刚性构造衔接处，二者强度、稳定性方面差异较大，加之填土压实不够而致下沉。

（6）施工过程中未注意排水，遇雨天时，路基积水严重，无法自行排出。有的积水浸入路基内部，形成水囊。晴天施工时也未排除积水就继续填筑，以致造成隐患。

（三）预防治理措施

（1）施工时应考虑高填方路基早开工，避免填筑速度过快，路面基层施工时应尽量安排晚开工，以使高填方路基有充分的沉降时间。

（2）加强对基底的压实或对地基进行加固处理，当地基位于斜坡和谷底时，应做挖台阶处理。

（3）施工时要严格分层填筑，控制分层的厚度，并充分压实。

（4）在软弱地基上进行高填方路基施工时，除对软基进行必要处理外，从原地面以上 1~2m 高度范围内不得填筑细粒土，应填筑硬质石料，并用小碎石、石屑等材料嵌缝、整平、压实。

TB-203：高填方路基边坡失稳

（一）通病现象

高填方路基，出现裂缝、局部下沉或滑坡等现象。

（二）原因分析

（1）路基填土高度较大时，未进行抗滑裂稳定验算，也没有护坡道。

（2）不同土质混填，纵向分幅填筑，路基边坡没有同路基同步填筑。

（3）路基边坡坡度过陡，浸水边坡小于 1：2，且无防护措施。

（4）基底处于斜坡地带，未按规范要求设臵横向台阶。

（5）填筑速度快，坡脚底和坡脚排水不及时，路基顶面排水不畅，高填方匝道范围内积水。

（三）预防治理措施

（1）高填方路基，应严格按设计边坡填筑，不得缺筑。如因现场条件所限达不到规定的坡度要求时，应进行设计验算，制订处理方案，如采取反压护道、砌筑短墙、用土工合成材料包裹等。

（2）高填方路基，每层填筑厚度根据采用的填料，按规范要求执行，如果填料来源不同，其性质相差较大时，应分层填筑，不应分段或纵向分幅填筑。

（3）路基边坡应同路基一起全断面分层填筑压实，填筑宽度应比设计宽度大出 20~50cm，然后削坡成型。

（4）高填方路堤受水浸淹部分，应采用水稳性高、渗水性好的填料，其边坡比不宜小于 1：2，必要时可设边坡防护，如抛石防护、石笼防护、浆砌或干砌块石护坡。

（5）半填半挖的一侧高填方基底为斜坡时，应按规定挖好横向台阶，并应在填方路堤完成后，对设计边坡的松散弃土进行清理。

（6）工期安排上应分期填筑，每期留有足够的固结完成时间，工序衔接上应紧凑，路基工程完成后防护工程如急流槽等应及时修筑，工程管理上做好防排水工作。

TB-204：大填石路基平整度差

（一）通病现象

填石路堤因填料粒度影响，铺筑层呈波浪状，致使平整度达不到规范要求。

（二）原因分析

（1）铺筑层下层平整度不符合规范要求，造成当前填筑层厚度不均，影响平整度。

（2）同层作业段搭接处未按规范要求处理。

（3）填料最大粒径超出规范要求。

（4）铺筑工艺不符合规范要求。

（三）预防治理措施

（1）填石路基当前层填筑前，应对下层的平整度进行检验，平整度超限时，应采取措施处治合格后再填筑当前层。

（2）严格控制同一水平层相临作业段搭接处高差，提高平整度。

（3）填石路基石料最大粒径不宜超过压实层厚的2/3，且表面用小料嵌缝。

二、路面工程质量通病及防治措施

适用于风电场内道路主路、风机吊装平台支路、调转平台支路等道路路面工程（泥结石、山皮石）质量通病防治。

TB-205：路面凹凸不平、排水坡度不足

（一）通病现象

风电场场内道路路面填料厚度不均匀，经压实后不平整凹凸不平，道路横坡排水坡度不足，下雨天低洼处有积水。

（二）原因分析

（1）路面填料厚度不均匀，机械碾压前未整平，或碾压过程中未对低洼处采用人工平整。

（2）部分区域路基土压实度不足，路面碾压后局部出现凹坑。

（3）未按设计规范要求设置横向排水坡度，雨天积水不能及时流出。

（三）预防治理措施

（1）路面材料（山皮石、碎石、石渣等）均匀摊平后分层碾压，碾压过程中局部凹陷处可人工填料平整后再进行压实。

（2）严格工序验收，路面施工前下部填土密实度需满足要求。

（3）路面施工过程中，随测随量，控制排水坡度。

TB-206：路面压实度、压实宽度不到位

（一）通病现象

风电场场内道路路面压实度、压实宽度不足。

（二）原因分析

（1）碾压机械漏压或压实遍数不够。

（2）边线控制不准，或边线桩丢失、移位、修整和碾压失去依据。

（三）预防治理措施

（1）控制碾压工艺，提高压实遍数，确保压实度满足设计要求。

（2）不论是填土路段填筑路基时还是挖方路段，开挖路槽时，测量人员应将边线桩测设准确，随时检查桩位是否变动。如有遗失或移位，应及时补桩或纠正桩位。

（3）碾压边线应不得小于设计宽度。

第二节　道路维护及排水设施

一、路肩边坡挡墙工程质量通病及防治措施

适用于风电场内道路路肩、边坡、挡墙工程质量通病及防治。

TB-207：路肩、边坡稳定性差

（一）通病现象

路肩边坡松软，稳定性差。

（二）原因分析

（1）填方路基碾压不到位，使路肩和边坡未达到要求的密实度。

（2）填方宽度不够，最后以松土贴坡、松土填垫路肩，又不经压实。

（3）路基填方属砂性土或松散粒料，所形成的边坡稳定性差。

（三）预防治理措施

（1）填方路堤分层碾压，两侧应分别有 20~30cm 的超宽，最后路基修整时施以削坡，不得有贴坡现象。如有个别严重亏坡，应将原边坡挖成台阶，分层填补夯实。路肩的密实度应达到轻型击实的 90% 以上。

（2）路基填方如属砂性土或松散粒料，其边坡应予护砌或栽种草皮、灌木丛以保护，或加大边坡坡率，一般应大于 1：2。

（3）路面完工后，所填补的路肩亏土，必须碾压或夯实，密实度应达到轻型

击实的 90% 以上。

（4）采用石灰土或砾料石灰土稳定路肩。

（5）在路肩外侧，用块石或混凝土预制块铺砌护肩带，其最小宽度为 200mm。

（6）铺条形草皮或全铺方块草皮进行边坡植被防护。

（7）采用片石、卵石或预制块铺砌在边坡表面，用以加固边坡。

TB-208：浆砌石挡墙通缝

（一）通病现象

浆砌石通缝，砌石工程各面石砌缝连通，尤其是在转角处及沉降处。

（二）原因分析

（1）石块不规则，砌筑时又忽视左右、上下、前后的砌块搭接，砌缝未错开。

（2）施工间歇留斜槎不正确，未按规定留有斜槎，而留马牙形直槎。

（三）预防治理措施

（1）加强石料挑选工作，注意石块左右、上下、前后的交搭，必须将砌缝错开，特别注意相邻的上下层错开。

（2）转角处及沉降缝处把丁顺叠砌改为丁顺组砌；施工间歇必须留斜槎，留槎的槎口大小要根据所使用的材料和组砌方法而定。

TB-209：浆砌石挡墙结构不牢，砂浆不饱满

（一）通病现象

浆砌石内部结构不牢，砌体内外两层皮、互不连接，石块间砂浆黏结不牢，石块间砂浆不满，砌体结构松散存在空隙和孔洞。

（二）原因分析

（1）石块间压、搭接少，未设丁石。

（2）采用层铺法施工，致使层顶空洞多或没有湿砂浆。

（3）坐浆不饱满或采用干砌灌浆法施工，在石块之间缝隙小或相互贴紧的地方灌不进浆。

（4）砌筑工艺差，块、片石搭配不当，大块石之间未用小片石填塞；或未把大块石棱角敲去。

（5）砂浆强度不够。

（6）每工作班砌筑高度超过规范规定。

（三）预防治理措施

（1）优选石料，严格掌握灰缝大小在规范要求范围内。

（2）浆砌块、片石英采用座浆法砌筑，不准采用层铺法或干砌灌浆法施工。

（3）立缝和石块间的空隙须用砂浆填捣密实，大的空隙应采用小片石填塞，

以确保石块完全被密实的砂浆包裹。

（4）砌筑工人应备有钢纤和小铁锤，以便随时挪动石块位置和敲去棱角，保证砌筑质量。

（5）按配合比要求拌制砂浆，砂浆应具有一定的稠度，以便与石面胶结。

（6）当日砌筑高柱高度不宜大于 1.2m，石料表面清理干净。

TB-210：浆砌石挡墙凹凸不平，垂直度超差

（一）通病现象

砌体表面凹凸不平，块石之间出现错台，超出平整度标准要求，垂直度超出设计及规范标准。

（二）原因分析

（1）面石选石料不当，不注意选择外露面平整的石料。

（2）砌筑时未挂线或挂线不准，或砌筑过程中未经常检查挂线偏差。

（3）砌筑时采用外面侧立石块，中间填心，未按丁顺相间和压缝砌筑，有通缝，侧立石块易受挤压移位。

（4）砌筑砂浆强度未达到要求时，就进行墙厚回填土施工，引起砌体走动。

（三）预防治理措施

（1）优选表面平整的石料做面。

（2）砌筑过程中必须挂线，经常检查挂线偏差。

（3）应丁顺相间压缝砌筑。

（4）砂浆强度达到 70% 以上时方可进行回填土施工。

（5）施工过程中如出现个别块石凸出，则应将影响平整度的块石挖出，重筑；或将个别凸出的石块表面进行加工处理。

TB-211：浆砌石挡墙勾缝砂浆脱落

（一）通病现象

勾缝砂浆在砌体完成不久即脱落。

（二）原因分析

（1）勾缝砂浆质量不合要求，水泥用量过多或过少。

（2）砌体灰缝过宽，造成勾缝面积大收缩严重。

（3）勾缝时间落后于砌筑完成时间过多，底缝表面污染。

（4）勾缝后未及时养护。

（三）预防治理措施

（1）严格控制勾缝砂浆质量。

（2）砌体灰缝控制在规范容许范围内。

（3）砌筑完成后马上进行勾缝，停留时间过久时在勾缝前认真进行表面

清理。

（4）勾缝后及时、认真进行养护。

TB-212：挡墙泄水孔堵塞

（一）通病现象

挡墙背后填土潮湿，含水量大，但泄水管却长期流不出水，形同虚设。水从周围块石缝隙渗出，表面有明显的渗水痕迹，如图 6-2 所示。

图 6-2　挡墙泄水孔堵塞

（二）原因分析

（1）墙背未设反滤层，泄水管直接与填土接触，填土进入泄水管。

（2）泄水孔进水口处反虑材料被堵塞，路基填土进入反滤层。

（3）反滤层设置位置不当，不起排水作用。

（4）泄水孔被杂物堵塞或泄水孔本身未贯通。

（5）泄水孔横坡度不够，流不出来。

（三）预防治理措施

（1）反虑材料的级配要符合设计要求，防治泥土流入。

（2）用含水量较高的黏土回填时，可在墙背设置用渗水材料填筑厚度大于 30cm 的连续排水层。

（3）泄水孔应高出地面 30cm，墙高时可在墙上部加设一排或几排泄水孔。

（4）泄水孔应事先贯通，如堵塞应及时清除孔内堵塞物。

（5）确保泄水孔的横坡度，以利排水。

二、排水沟管涵工程质量通病及防治措施

适用于风电场内道路排水沟、管涵工程质量通病防治。

TB-213：排水沟纵坡不顺，排水不畅

（一）通病现象

路基排水沟沟底排水不畅或无出路。

（二）原因分析

（1）排水沟沟底纵坡不顺，断面大小不一，未按设计和断面开挖修整，忽视对附属工序的质量检验。

（2）工程设计单位设计调查工作不细，未解决排水出路问题。

（三）预防治理措施

（1）严格按照设计要求的开挖断面和纵断面高程开挖修整，沟底纵坡应符合设计要求，认真做好工序质量检验，当其需要铺砌时，应按设计要求增加开挖深度和宽度。

（2）施工前加强图纸会审，对排水出路不明确的，补充设计。

（3）在由超高路段的边沟沟底纵坡，应与曲线段前后沟底相衔接，不允许曲线段内侧边沟积水或外溢。

（4）开炸石质边沟、排水沟，应用小孔、少量炸药。超挖部分，要用小石块浆砌密实，沟底凸出部分，应予凿平。

附录　质量通病条目检索表

通病编号	通病名称	通病专业分类	检索页
TB-025	混凝土结构变形、表面不平	建筑工程	30
TB-026	混凝土裂缝	建筑工程	31
TB-027	混凝土蜂窝、麻面、孔洞、露筋、夹杂、缺棱掉角	建筑工程	33
TB-028	抹灰层空鼓、裂缝	建筑工程	36
TB-029	抹灰面不平、阴阳角不垂直、不方正	建筑工程	37
TB-030	水泥砂浆地面起砂、空鼓、不规则裂缝	建筑工程	38
TB-031	卫生间、厨房等带地漏的地面倒泛水	建筑工程	39
TB-032	块材铺贴地面空鼓、接缝问题	建筑工程	40
TB-033	门、窗扇变形、开关不灵	建筑工程	41
TB-034	饰面釉面砖空鼓、脱落、开裂	建筑工程	42
TB-035	分格缝不匀，墙面不平整	建筑工程	43
TB-036	轻钢龙骨、铝合金龙骨纵横方向线条不平直	建筑工程	44
TB-037	罩面板造型不对称、布局不合理	建筑工程	45
TB-038	吊顶与设备衔接不合理	建筑工程	46
TB-039	扣板式吊顶质量缺陷	建筑工程	47
TB-040	涂料刷纹或接痕	建筑工程	48
TB-041	起粉、泛碱、脱皮、咬色	建筑工程	48
TB-042	外墙保温板开裂、脱落	建筑工程	49
TB-043	屋面找平层起砂、起皮、开裂	建筑工程	50
TB-044	屋面转角、立面和卷材接缝处粘结不牢	建筑工程	52
TB-045	卷材防水层起鼓、裂缝	建筑工程	53
TB-046	涂膜防水层开裂、脱皮、流淌、鼓包	建筑工程	53
TB-047	水落口漏水	建筑工程	54
TB-048	屋面渗漏	建筑工程	55
TB-049	屋面积水、排水不畅	建筑工程	56
TB-050	给水管道漏水	建筑工程	57
TB-051	地下埋设排水管道漏水	建筑工程	58
TB-052	便器与排水管连接处或与地面接触处漏水	建筑工程	59

通病编号	通病名称	通病专业分类	检索页
TB-053	卫生间器具安装不美观	建筑工程	60
TB-054	卫生器具有异味	建筑工程	60
TB-055	电采暖器安装不稳固	建筑工程	61
TB-056	空调管穿墙处漏水	建筑工程	62
TB-057	风管安装不平、不直、漏风	建筑工程	62
TB-058	接地装置施工缺陷	建筑工程	63
TB-059	开关、插座的盒和面板的安装不规范、不美观	建筑工程	64
TB-060	开关、插座的导线线头裸露，固定不牢，线路串接	建筑工程	65
TB-061	灯位安装偏位、不牢固	建筑工程	66
TB-062	电缆沟道排水坡道不符合要求	建筑工程	67
TB-063	电缆沟压顶和盖板裂缝，盖板响动	建筑工程	68
TB-064	站内道路开裂、面层不平整	建筑工程	68
TB-065	雨水污染墙面	建筑工程	69
TB-066	台阶、坡道、散水质量缺陷	建筑工程	71
TB-067	二次灌浆不密实	建筑工程	72
TB-068	变压器装卸运输过程受到冲击	电气安装工程	73
TB-069	变压器底基础预埋件偏心	电气安装工程	74
TB-070	变压器本体接地不规范	电气安装工程	74
TB-071	主变压器铁芯、夹件接地不规范	电气安装工程	75
TB-072	变压器法兰连接面等处出现渗油	电气安装工程	76
TB-073	变压器受潮	电气安装工程	77
TB-074	变压器气体继电器安装不规范	电气安装工程	78
TB-075	变压器测温装置测量出现偏差	电气安装工程	79
TB-076	变压器冷却装置安装不规范	电气安装工程	79
TB-077	变压器油注油后油化验不合格	电气安装工程	80
TB-078	GIS 设备法兰盘连接无跨接接地	电气安装工程	81
TB-079	GIS 母线筒内壁不平整、光滑	电气安装工程	82
TB-080	GIS 汇控柜接地不规范	电气安装工程	83

续表

通病编号	通病名称	通病专业分类	检索页
TB-081	电气设备开口销开口角度不足	电气安装工程	83
TB-082	隔离开关垂直连杆接地不规范	电气安装工程	83
TB-083	设备线夹与硬母线接头绝缘套低温冻裂	电气安装工程	84
TB-084	母线、引下线弧度不一致	电气安装工程	85
TB-085	设备连接导线制作工艺不规范	电气安装工程	85
TB-086	硬母线制作工艺不规范	电气安装工程	86
TB-087	软母线固定未缠绕铝包带	电气安装工程	87
TB-088	电缆保护管制作不规范	电气安装工程	88
TB-089	电缆保护管对焊划伤电缆	电气安装工程	89
TB-090	电缆敷设不规范	电气安装工程	89
TB-091	电缆敷设损伤变形	电气安装工程	90
TB-092	防火封堵不完善	电气安装工程	91
TB-093	电缆防火涂料涂刷不规范	电气安装工程	92
TB-094	电缆标识牌制作质量差	电气安装工程	92
TB-095	镀锌扁钢弯曲时采用火焊加热弯曲	电气安装工程	93
TB-096	构支架引下线不便于断开	电气安装工程	93
TB-097	接地体搭接及焊接不符合规范要求	电气安装工程	94
TB-098	变电站内金属围栏未有跨接地线	电气安装工程	95
TB-099	构架爬梯未明显接地	电气安装工程	95
TB-100	接地螺栓紧固部位涂刷标识漆	电气安装工程	96
TB-101	二次继保室内未设置等电位接地，屏蔽线施工不规范	电气安装工程	97
TB-102	开关柜基础预埋件尺寸存在偏差	电气安装工程	98
TB-103	配电盘面剐蹭、有划痕	电气安装工程	99
TB-104	盘柜水平偏差、盘面偏差、盘柜相邻屏柜间隙超标	电气安装工程	99
TB-105	屏柜外形尺寸、颜色不统一	电气安装工程	99
TB-106	屏柜与基础槽钢直接焊接	电气安装工程	100
TB-107	屏柜柜门与柜体间接地跨接线缺失	电气安装工程	100
TB-108	屏顶小母线无防护罩	电气安装工程	100

续表

通病编号	通病名称	通病专业分类	检索页
TB-109	通信盘柜内光纤尾纤散乱布置	电气安装工程	101
TB-110	35kV 开关柜内等电位接地与主接地不分	电气安装工程	102
TB-111	二次回路接线不规范	电气安装工程	102
TB-112	电缆备用线芯外露未标识且未加保护套	电气安装工程	103
TB-113	干式空心电抗器底座接地、环形围栏未有明显断开点	电气安装工程	103
TB-114	电抗器网门未接地	电气安装工程	104
TB-115	站内设备螺栓漏出丝扣长短不一	电气安装工程	105
TB-116	站内设备所用紧固件锈蚀	电气安装工程	105
TB-117	室外设备仪表无防雨罩	电气安装工程	106
TB-118	独立避雷针定位设置错误	电气安装工程	107
TB-119	架空避雷线未与变电站接地装置相连	电气安装工程	107
TB-120	运行风机基础冒浆	风机安装工程	108
TB-121	基础环内部混凝土浇筑高度不符	风机安装工程	109
TB-122	未拆除散热风扇风道软连接处包装	风机安装工程	110
TB-123	塔筒内基础环接地扁铁连接螺栓锈蚀	风机安装工程	110
TB-124	机舱及发电机吊具问题	风机安装工程	111
TB-125	滑环线及哈丁头损坏	风机安装工程	111
TB-126	发电机组进水结冰导致卡滞	风机安装工程	112
TB-127	发电机排水孔存在异物	风机安装工程	113
TB-128	发电机绕组出线相序问题	风机安装工程	113
TB-129	机组变桨充电器损坏	风机安装工程	114
TB-130	机舱吊带破损	风机安装工程	114
TB-131	发电机转子位置锁定错误	风机安装工程	114
TB-132	机组柜体内部结霜结冰	风机安装工程	115
TB-133	叶片螺栓卡死	风机安装工程	116
TB-134	叶片组对剐蹭、划伤	风机安装工程	117
TB-135	叶轮变桨齿形带断裂	风机安装工程	117
TB-136	叶片吊装滑落	风机安装工程	117

续表

通病编号	通病名称	通病专业分类	检索页
TB-137	叶片组对错位	风机安装工程	118
TB-138	螺栓力矩不符	风机安装工程	118
TB-139	转速齿形盘螺栓松动损坏接近开关	风机安装工程	119
TB-140	轮毂法兰螺纹损坏	风机安装工程	120
TB-141	电缆敷设未按规范及工艺要求施工	线路工程	121
TB-142	电力电缆金属护层接地未按规范要求进行施工	线路工程	123
TB-143	电力电缆的试验过程不规范	线路工程	123
TB-144	电力电缆终端的制作不规范	线路工程	124
TB-145	基坑深度超挖、欠挖	线路工程	125
TB-146	基础混凝土质量通病	线路工程	126
TB-147	基础顶面平整度超标	线路工程	128
TB-148	基础立柱扭曲、变形	线路工程	128
TB-149	地脚螺栓与基础不同心	线路工程	129
TB-150	铁塔构件变形、磨损	线路工程	130
TB-151	铁塔构件镀锌较差、锈蚀	线路工程	131
TB-152	铁塔螺栓规格混用	线路工程	132
TB-153	螺栓穿向错误	线路工程	133
TB-154	螺栓紧固率不足	线路工程	133
TB-155	防盗螺母、防松罩缺失	线路工程	134
TB-156	脚钉弯钩朝向不一致、外露扣	线路工程	135
TB-157	垫块、垫圈安装不规范	线路工程	135
TB-158	主材与塔脚板安装存在缝隙	线路工程	136
TB-159	地锚坑回填土沉降	线路工程	137
TB-160	混凝土杆螺栓双螺母安装不规范	线路工程	138
TB-161	混凝土杆结构倾斜	线路工程	138
TB-162	拉线安装质量问题	线路工程	139
TB-163	导线磨损	线路工程	140
TB-164	导地线、光缆弧垂超差	线路工程	141

续表

通病编号	通病名称	通病专业分类	检索页
TB-165	耐张管管口导线散股	线路工程	142
TB-166	耐张管铝件飞边、毛刺	线路工程	143
TB-167	耐张管弯曲超标	线路工程	143
TB-168	"T"接引线安装质量不规范	线路工程	144
TB-169	"T"接引线固定不牢固	线路工程	146
TB-170	地线耐张串安装质量不规范	线路工程	146
TB-171	进站光缆放电间隙数值超差	线路工程	147
TB-172	杆塔光缆引下线不顺直	线路工程	147
TB-173	光缆余缆缠绕松散	线路工程	148
TB-174	接续盒固定位置低于余缆架	线路工程	149
TB-175	导线跳线工艺不美观	线路工程	149
TB-176	导线跳线搭接不规范	线路工程	150
TB-177	耐张预绞丝端头未安装到位	线路工程	151
TB-178	防振锤预绞丝缠绕变形	线路工程	151
TB-179	防振锤安装不规范	线路工程	152
TB-180	铝包带缠绕不合标	线路工程	152
TB-181	电缆接线端子螺栓未镀锡	线路工程	153
TB-182	绝缘子碗口朝向错误	线路工程	154
TB-183	金具螺栓穿向错误	线路工程	154
TB-184	销子漏装、开口不合格	线路工程	155
TB-185	避雷器未可靠接地	线路工程	156
TB-186	跌落式熔断器安装高度、相间距离不规范	线路工程	157
TB-187	电杆横担未做可靠接地	线路工程	157
TB-188	铁塔接地引下线弯折质量	线路工程	158
TB-189	铁塔接地孔与接地联板不匹配	线路工程	159
TB-190	接地螺栓防松措施不合格	线路工程	159
TB-191	接地体焊接质量	线路工程	160
TB-192	接地装置埋深不足	线路工程	161

通病编号	通病名称	通病专业分类	检索页
TB-193	保护帽混凝土麻面、棱角损伤、未设置散水面	线路工程	162
TB-194	护坡、挡墙不满足设计和使用要求	线路工程	163
TB-195	线路标识牌固定不可靠	线路工程	164
TB-196	路基行车带压实度不足	交通工程	166
TB-197	路基边缘压实度不足	交通工程	167
TB-198	路基边坡坍塌、滑坡、雨后冲刷严重	交通工程	167
TB-199	路基纵向裂缝	交通工程	169
TB-200	路基横向裂缝	交通工程	169
TB-201	路基网裂	交通工程	170
TB-202	高填方路基沉降大	交通工程	170
TB-203	高填方路基边坡失稳	交通工程	171
TB-204	大填石路基平整度差	交通工程	172
TB-205	路面凹凸不平、排水坡度不足	交通工程	172
TB-206	路面压实度、压实宽度不到位	交通工程	173
TB-207	路肩、边坡稳定性差	交通工程	173
TB-208	浆砌石挡墙通缝	交通工程	174
TB-209	浆砌石挡墙结构不牢，砂浆不饱满	交通工程	174
TB-210	浆砌石挡墙凹凸不平，垂直度超差	交通工程	175
TB-211	浆砌石挡墙勾缝砂浆脱落	交通工程	175
TB-212	挡墙泄水孔堵塞	交通工程	176
TB-213	排水沟纵坡不顺，排水不畅	交通工程	177

参考文献

[1] 风电工程系列标准化手册 – 质量工艺标准化手册 . 北京：中国电力出版社，2018.

[2] 彭圣浩 . 建筑工程质量通病防治手册 . 北京：中国建筑工业出版社，2002.

[3] 芮静康 . 电气工程质量通病防治 . 北京：中国建筑工业出版社，2006.

[4] 辽宁电力建设监理公司 . 110kV 及以下变电站电气工程施工常见缺陷与防治图册 . 北京：中国电力出版社，2016.

[5] 云南电网有限责任公司 . 电网工程常见质量缺陷防治手册 . 北京：中国电力出版社，2015.

[6] 孟祥泽 . 电力建设工程质量问题通病防治手册 . 北京：中国电力出版社，2004.